110kV移动变电站的
研制与应用

主编 陈盛燃

中国水利水电出版社
www.waterpub.com.cn
·北京·

内 容 提 要

本书对 110kV 移动变电站的研制方案、组装与应用、运维方案以及差异化分析等关键核心内容进行详细解析,并精选 110kV 移动变电站"三车三模块"自由组合在110kV 户内 GIS 变电站、户外 GIS 变电站、户外 AIS 变电站以及野外临时场地应用案例,从"知"到"行"分享 110kV 移动变电站组合、拆分、运输、连接、调试等具体施工方案,为电网及工业领域的应用需求提供参考解决方案。

本书所选案例具有一定的普遍性和代表性,可供变电运行、检修、继保、通信、自动化专业从业人员日常学习和现场分析时使用,也可供变电设备管理人员参考,是一本实用的科技图书。

图书在版编目(CIP)数据

110kV移动变电站的研制与应用 / 陈盛燃主编. --
北京 : 中国水利水电出版社,2021.11
ISBN 978-7-5226-0002-4

Ⅰ. ①1… Ⅱ. ①陈… Ⅲ. ①移动变电所－研究
Ⅳ. ①TM633

中国版本图书馆CIP数据核字(2021)第196615号

书　　　名	**110kV 移动变电站的研制与应用** 110kV YIDONG BIANDIANZHAN DE YANZHI YU YINGYONG
作　　　者	主编　陈盛燃
出 版 发 行	中国水利水电出版社 (北京市海淀区玉渊潭南路 1 号 D 座　100038) 网址:www. waterpub. com. cn E-mail:sales@waterpub. com. cn 电话:(010)68367658(营销中心)
经　　　售	北京科水图书销售中心(零售) 电话:(010)88383994、63202643、68545874 全国各地新华书店和相关出版物销售网点
排　　　版	中国水利水电出版社微机排版中心
印　　　刷	天津嘉恒印务有限公司
规　　　格	170mm×240mm　16 开本　9.5 印张　151 千字
版　　　次	2021 年 11 月第 1 版　2021 年 11 月第 1 次印刷
定　　　价	**78.00 元**

本 书 编 委 会

主　　编　陈盛燃

副 主 编　何建宗　郑风雷

参编人员　（排名不分先后）

　　　　　　夏云峰　苏华锋　李元佳　芦大伟　陈世昌

　　　　　　黎海添　张　登　魏凌枫　张承周　宁雪峰

　　　　　　袁炜灯　曾荣均　梁竞雷　林志强　徐　媛

　　　　　　程天宇　黄秋达　袁伟明　王花蕊　梁海华

前 言
FOREWORD

随着经济社会的高速发展和对电力需求的快速增长，对变电站供电可靠性的要求越来越高。首先，关键电力设备停电检修时会影响高压电网稳定性，存在电网风险，造成设备检修消缺需求难以得到满足；其次，城市规划的产业升级，大型园区聚集效应明显，导致城市个别区域电力需求增长远超电网规划预期，供需不平衡问题尤其突出；再者，重要的负荷中心城市作为典型受端电网，负荷密度大，设备负载率高，错峰能力差，抢险复电难度大。因此，在电力供需日益紧张的背景下，如何在突发电力设备故障、临时增供需求、自然灾害抢险等紧急情况下，解决在原有变电站进行不间断供电的同时，实施变电站更新及技术改造，成为供电企业的首要任务和必须攻克的难题。

东莞市作为广东省重要交通枢纽和外贸口岸，有"世界工厂"之称。随着粤港澳大湾区推进形成的开放新格局，以及产业链的转型升级，使得东莞市电力网架薄弱点日益凸显，包括电源点少、站点负荷重、环网率低、设备停电检修资源紧缺，部分区域用电负荷急剧上升，负荷缺口大、最高错峰负荷大，给当地经济生活带来了负面影响。面对困难，东莞供电局不断深入研究与实践，成功研制了110kV移动变电站，在多次临时增供扩销、抢险救灾应用中充分发挥其小、快、灵、便、省的优点；在此基础上，对110kV移动变电站的运行、维护、应用条件与规则不断进行更新、提炼与总结。

本书根据110kV移动变电站的研制和应用实践经验，探讨如何在开展设备停电检修的同时，最大限度地减少检修方式下的电网风险、停电范围和停电时间；如何在局部供电能力不足地区实现增供扩销、提升电力营商环境；如何在电网设备故障或遭受外力破坏、台风洪涝等自然灾害的情况下实现快速复电。本书对研制方案、组装应用场景、运维方案以及应用成本分析等关键核心内容进行详细解析，并精选 110kV 移动变电站"三车三模块"自由组合在 110kV 户内 GIS 变电站、户外 GIS 变电站、户外 AIS 变电站以及野外临时场地的应用案例，从"知"到"行"分享 110kV 移动变电站组合、拆分、运输、连接、调试等具体施工方案，为电网及工业领域的应用需求提供参考解决方案。

编者

2021 年 10 月

目 录

CONTENTS

第1章 概 述

1.1 移动变电站的应用背景

面对日益紧张的电力需求，不间断电力供应成为每个电力公司的首要任务。如何应对突发电力设备故障、自然灾害、临时的供电需求等紧急情况，移动变电站无疑成为了首选。

移动变电站由避雷器，高压断路器，电力变压器，中压断路器，电源屏，测量、监控和保护装置等组合而成，一般装载在液压车/半挂车上。

变电站的"移动"由半挂拖车来实现，可根据需求进行组合或拆分，以方便运输，由于部分设备已完成接线，现场导线连接和调试工作量较少，可以更快捷接入电网，更大程度缩短施工周期。将所有输电设备集成并进行紧凑设计，移动变电站具有集成化程度高、体积小、占地少等优点。使用拖车车头辅助运输，移动变电站可以开到任何需要的地点进行运行使用。尤其对于临时供电的状况，移动变电站无需长期占有土地，使用完毕后即可开走，一方面减少了用地审批手续，可极大加快施工进度，另一方面，也节约了土地固定投资和占用。

1.2 移动变电站的技术特点

110kV 移动变电站由 3 台车体承载。1 号车由 110kV 变压器、避雷器、汇控柜和 10kV 开关柜组成，2 号车由 110kV 组合电器组成，3 号车由 10kV 配电装置组成，集中安装在集装箱内。

1.2.1　集成化

移动变电站具有集成化、方便移动的特点，适合省道、国道、高速等各种路况，变电站内电气布置合理、紧凑，节约占地。

1.2.2　结构紧凑

移动变电站的一次、二次系统集中安装在车内。根据负载状况优化车架，板簧设计选型，以满足整套设备的抗振要求。可以在狭小空间里运行，节省土地资源。

1.2.3　便于运输

移动变电站运输时选用符合标准的车型，1号、2号、3号车的外形符合道路大型物件运输管理办法中关于三级大型物件的要求（高度4.4～5m），道路运输过程中无需特别通行证。每辆半挂车都设6点或者4点支撑液压起重系统，为了自动平衡压力，6点或者4点支持液压起重系统采用1套液压源，起重后采用固定机械支腿支撑，并且在变电站正常工作过程中可以长时间举起车轮，保证设备的长期稳定性。

1.2.4　可供长期露天使用

移动变电站选用优良原材料，加强产品外观保护处理，使产品使用期限达到20年以上。

1.2.5　快速装配和启动——工厂预制化

移动变电站的所有设备在工厂一次安装、调试合格，实现变电站建设工厂化；现场安装仅需车体定位、车体间电缆联络、出线电缆连接、保护定值校验及其他需调试的工作，大大缩短了整个变电站从安装到投运的时间。

1.3　移动变电站的应用现状

移动变电站在北美及欧洲有着广泛运用。加拿大已有 40 年使用移动变电站的历史,意大利有 20 多年使用移动变电站的历史,西班牙有 25 年使用移动变电站的历史。在叙利亚、阿尔及利亚、伊拉克、俄罗斯、南非、土耳其、越南、埃及、埃塞俄比亚、菲律宾、伊朗以及沙特阿拉伯等国家也有移动变电站运行。

移动变电站因其小、快、灵、便、省的突出优点,将会越来越广泛地应用到国内电网及工业各个领域。

(1)用于初级分配。在高压电网中,可以避免过早的投资和建设规模过大,同时可以弥补电力供应和新的高压/中压用户之间的供需迟滞。

(2)为大型建筑工地临时供电。可以避免因建设临时主/次要变电站而产生大量投资的风险,通常临时主/次要变电站在工程完工后就不再使用了。

(3)维修现有变电站。可以极大地缩减供电中断时间。通过移动变电站进行供电,为维修和调整原有设备赢得时间,实现短暂中断后重新供电。

(4)紧急情况和自然灾害。当遭受突发、不可预测的事件,如洪水、火灾、地震等,可以迅速恢复电力供应。

(5)建设审批发生延误。移动变电站是完善已设计工厂的最佳解决方案,因为它不需要额外的建设工作。

第 2 章　研　制　方　案

2.1　建设必要性

局域电网的网架特点是电源点少、各站点负荷重、环网率不高、设备停电检修资源紧缺，特别是近期网省公司要求开展的接地系统改造、某型号隔离开关改造、加装红外测温窗或在线测温装置等项目，因停电问题导致迟迟未能实施，迫切需要一些措施或手段打破现有僵局，缓解局面。

2.1.1　用于初期分配

在高压电网建设中，使用移动变电站可以避免过早的投资风险和建设规模过大，同时可以弥补电力供应和新的高压/中压用户之间的供需迟滞。移动变电站无需长期占用土地，一方面省掉了用地审批手续，可极大地加快施工手续和施工进度；另一方面可以节约土地等固定资产投资。

2.1.2　维修现有变电站

当现有变电站出现故障时，可以及时驳接移动变电站进行供电，这样不仅可以极大地降低供电中断造成的影响，迅速进行供电，还能为维修或调整原有设备赢得时间。

2.1.3　紧急和临时的供电要求

当遭遇到突发、不可预测的事件，如洪水、水灾、地震等自然灾害以及突发设备事故等紧急情况下，移动变电站可以迅速代替常规变电站，恢复电力供应。在负荷高峰期投入使用移动变电站，可以缓解某一地区供电容量不足，高峰期/紧急期过去后即可转移，不必长期占用土地资源。

2.2　电气一次部分

110kV 移动变电站由"三车三模块"组成，包括 110kV 高压开关车（GIS 进线模块）、110kV 主变压器车（主变压器模块）和 10kV 低压开关车（配电出线模块）。

其中 1 号车为 110kV 高压开关车（GIS 进线模块），配备 110kV 进线断路器间隔设备（断路器建议采用弹簧式储能机构。弹簧式储能机构满足 110kV 断路器工作要求，性价比高；液压机构价格高、机构密封性要求严格，车辆转运过程中易发生损坏，导致储能异常）；2 号车为 110kV 主变压器车（主变压器模块），配备主变压器及 1 套 10kV 出线断路器和保护装置；3 号车为 10kV 低压开关车（配电出线模块），配置 10kV 母线及所属设备。

"三车"均为半挂车形式，通过架空线或电缆与电网系统连接或相互连接。1 号车可通过电缆或架空导线接入 110kV 电网系统；1 号、2 号车通过 110kV 导线连接；2 号、3 号车通过 10kV 电缆连接；3 号车通过 10kV 电缆与 10kV 电网系统连接，三台车经电气连接后形成 110kV 线路/母线—变压器组接线、10kV 形成单母线接线，实现移动变电站与电网系统的电气一次连接。

2.3　电气二次部分

2.3.1　现状概述

移动变电站主要用于缓解用电紧张，是非永久固定使用设备。为方便现场监视运维，便于现场值班人员掌握移动变电站运行相关信息，在移动变电站室内设置站用监控后台系统2套，其中1套布置于110kV移动变电站内，1套布置于10kV移动变电站内，监控后台系统采用组屏方式，实现对现场操作及相关设备运行数据的采集和监控。

110kV移动变电站采用线路/母线—变压器组接线形式，包括主变压器1台，110kV进线1回。10kV母线为单母线接线，10kV进线2回，10kV出线6回，10kV接地变兼站用变1台，10kV母线设备2回，10kV小电阻接地成套装置1套。

2.3.2 系统继电保护配置方案（微机保护方案）

系统继电保护及安全自动装置配置原则的依据是《继电保护和安全自动装置技术规程》（GB/T 14285）。保护及自动装置选用微机型，满足IEC61850标准，通过以太网通信口分别接入移动变电站计算机监控系统。

移动变电站不单独配置110kV线路保护，10kV进线采用一体化微机保护测控装置，装置具有可独立投退的三段式电流保护、反时限过流保护、带零序方向的零序过电流保护等，并配合三相一次重合闸和低周减载功能。

2.3.3 元件保护及自动装置（芯片式保护方案）

移动变电站按照GB/T 14285、《电力二次装备技术导则》（Q/CSG 1203005）等最新规程规范要求配置继电保护装置。除10kV部分的保护和测控安装在开关柜上外，其他保护、测控分别进行集中组屏并安装于二次设备室，包括主变压器保护和10kV设备保护。其中，主变压器保护按双重化标准配置两套独立的主后备一体化的电气量保护，此外还配置一台完整的非电量保护；10kV设备保护包括10kV线路保护和10kV站用接地变保护。

直流系统根据《电力工程直流系统设计技术规程》（DL/T 5044）、《变电站直流电源系统技术规范》（Q/CSG 1203003）、《广东电网公司变电站直流电源系统技术规范》（Q/GD001 1176.03）的要求，全站设直流系统2

套（1 套用于站内 110kV 部分、1 套用于站内 10kV 部分），用于站内一、二次设备及事故照明等供电，直流系统电压为 110V。

直流系统采用单母线接线，设置一组蓄电池。充电装置采用高频开关电源，每个模块 10A，按"3+1"进行配置。直流屏采用柜式结构，使用高频开关和直流馈线，组 1 面屏。直流母线采用阻燃绝缘铜母线，馈电屏的各馈线开关均选用小型自动空气开关，短路跳闸时发报警信号。直流馈电屏上配置微机绝缘在线监测及接地故障定位装置，自动监测各电缆直流绝缘情况，发出接地信号，显示接地回路。蓄电池配置 1 套蓄电池巡检仪，满足所有蓄电池接入的需要。直流系统通过以太网口与移动变电站综合自动化系统通信，达到远程监控的目的。重要的报警信号通过硬接点上送至移动变电站综合自动化系统。

蓄电池采用阀控式密封铅酸电池，容量 100Ah，单体电压为 2V，共 54 只。蓄电池组屏安装在二次控制小室。

直流系统采用混合型供电方式。变电站自动化系统站控层及网络设备采用辐射形供电方式，间隔层测控装置也采用辐射形供电方式，每面测控屏负荷电源从直流馈线屏引接，不同测控设备在屏内使用直流空气开关分隔开，独立进行供电。控制室内保护设备采用辐射形供电方式，负荷电源从直流馈线屏引接。10kV 部分按照每台变压器对应的低压侧母线，分别采用环形供电方式，且控制电源与保护电源必须分开。

2.3.4 电能计量配置原则

电能计量设计应满足《110kV 变电站电能计量装置典型设计》（Q/CSG 113003）要求，站内应在计量点安装电能计量装置，包括电能表、TV、TA 及二次连接线导线。对电能计量装置的要求配置如下：

（1）TA 精度为 0.2S 级。

（2）TV 精度为 0.2 级。

（3）关口点计量表：有功精度为 0.2S 级，无功精度为 2.0 级，双表配置，带双 RS-485 接口。

（4）考核点计量表：有功精度为 0.5S 级，无功精度为 2.0 级，单表配置，带双 RS-485 接口。

2.3.5　二次设备防雷

移动变电站不单独配置二次系统防雷，二次系统防雷随监控系统二次设备一起配置，具体配置要求如下：

（1）变电站二次系统雷电电磁脉冲防护（以下简称防雷）应做到统筹规划、整体设计，从接地、屏蔽、均压、限幅及隔离五个方面来采取综合防护措施。

（2）变电站二次系统雷电防护区的划分应符合《建筑物电子信息系统防雷技术规范》（GB 50343）要求，根据雷电防护区划分原则，变电站二次系统防雷工作应减少直击雷（试验波形 $10/350\mu s$）和雷电电磁脉冲（试验波形 $8/20\mu s$）对二次系统造成的危害。

（3）变电站内信号系统浪涌保护器（SPD）应选用限压型和具有限压特性的组合型 SPD。

（4）变电站二次系统雷电防护应遵循从加强设备自身抗雷电电磁干扰能力入手，以加装 SPD 防雷器件为补充的原则。

（5）变电站所有信号及电源二次防雷设备均由各自的设备配套提供。

2.3.6　二次设备布置及组屏方案

二次设备采用二次控制室集中布置方式包括 110kV 部分二次控制室和 10kV 部分二次控制室。

1. 110kV 部分二次控制室设备

（1）110kV 监控主机屏：操作员工作站兼五防主机 1 台，操作员工作站（笔记本电脑）1 台，网络激光打印机 1 台，音响报警装置 1 台。

（2）交换机屏：24 电口、2 光口交换机 2 台，4 电口、16 光口交换机 2 台，主时钟装置 1 台。

（3）主变压器测控屏：变压器高压侧测控装置 1 台，变压器低压侧测控装置 1 台，本体测控装置 1 台。

（4）网络分析屏：分析管理单元 1 台，网络数据监测记录单元 1 台，19 寸液晶显示器 1 台，打印机 1 台，2 电口、16 光口交换机 2 台。

（5）交直流屏：DC110V、10A 高频开关电源模块 4 块，监控装置 1 台，绝缘监测装置 1 套，25A 直流馈线 20 回，100A/4P 交流进线空气开关 1 回，63A/4P 交流馈线空气开关 3 回，32A/3P 交流馈线空气开关 6 回。

（6）蓄电池屏：电池容量 100Ah，单支电压 2V，数量 54 只。

（7）主保护装置：主后备一体化主变压器保护 1 台（芯片化保护），采用壁挂式结构安装于主变压器测控屏侧面；主后备一体化主变压器保护 1 台（数字化保护）采用嵌入式结构安装于交换机屏。

（8）主变压器高压侧智能控制柜：合并单元智能终端一体化装置 2 台，安装于 110kV 高压开关车上。

（9）本体智能终端：主变压器本体智能终端（集成非电量保护）1 台，安装于主变压器测控屏。

（10）主变压器低压侧智能终端：合并单元智能终端一体化装置 2 台，安装于主变压器低压侧开关柜。

（11）二次消谐装置 1 台，安装于 10kV TV 柜内。

2. 10kV 部分二次控制室设备

（1）10kV 监控主机屏：操作员工作站兼五防主机 1 台，操作员工作站（笔记本电脑）1 台，网络激光打印机 1 台，音响报警装置 1 台。

（2）公用测控屏：交换机 2 台，公用测控装置 1 台，主时钟装置 1 台。

（3）交直流屏：DC110V、10A 高频开关电源模块 4 块，监控装置 1 台，绝缘监测装置 1 套，25A 直流馈线 20 回，100A/4P 交流进线空气开关 1 回，63A/4P 交流馈线空气开关 3 回，32A/3P 交流馈线空气开关 6 回。

（4）蓄电池屏：电池容量 100Ah，单支电压 2V，数量 54 只。

（5）10kV 线路保护测控智能终端装置 7 台，10kV 接地变保护测控智能终端装置 1 台，二次消谐装置 1 台，安装于开关柜内。

2.4 车载平台和运输系统

考虑到移动变电站运输高度低于 5m 和重量低于 100t，载重还没到达运输极限，同时考虑到未来维护工作量和部署后的长期停放问题，主要采取机械悬挂重型车的方案。液压悬挂车和机械悬挂车性能对比见表 2-1。

表 2-1　　　　　　　　　液压悬挂车和机械悬挂车性能对比

项 目	机 械 悬 挂 车	液 压 悬 挂 车
设计载重范围	0~150t	100~10000t
设计用途	机械悬挂是目前道路车辆使用得比较广泛的悬挂系统，长短途货运车均使用这种悬挂系统，并具有较好的运输经济型，机械悬挂最多可以用 3 根并装轴	用于大件货物运输，并且单轴载重有极限，于是能够协调 4 根以上车轴同时转向和升降的液压悬挂产生，液压悬挂系统一般至少有 10 根车轴，最多不限。可以缓慢将超大件货物运送到指定地点，为超重超大货物运送提供解决方案
使用难度	几乎不需要学习，机械悬挂半挂车的使用非常简单，货运司机均可以掌握	转向系统和升降系统有独立操作台，需要根据液压鹅颈的角度进行调整控制，转弯剧烈时需要司机操控，轴数较多，使用难度越高，货运司机需要培训
维护难度	零部件为常用零部件，刹车鼓、车轴几乎不需要维护，悬挂系统的液压杆和板簧在常见货车修配厂基本可以维修所有问题	液压系统使用较多阀门、液压缸、密封圈、高压油管等，且设有液压动力主机，在运输过程中处于不断运动状态。每年需对这些设备和元器件进行检修和更换，如果出现故障需要到专业车辆厂修理
轮胎更换	315mm 通用轮胎，随时更换	215mm 和 275mm 小轮胎，需要单独定制
设计时速	60km/h（高速路）	30~40km/h（高速路）
转弯性能	采用牵引转向转弯，所需空间大	采用主动转向转弯，所需空间小
减振性能	可吸收高频微振和有限低频强振，适用公路路况。通过非铺装路面时要减速	可吸收低频强振和有限高频微振，任何路况均须减速行驶，通过非铺装路面时减振性能优于机械悬挂
长期存放	户外即可，不易损坏	推荐户内存放液压系统，有损坏风险

2.4 1　110kV 主变压器车

110kV 主变压器车设计图纸及设计实物图如图 2-1 和图 2-2 所示。

2.4.2　110kV 高压开关车

110kV 高压开关车设计图纸及设计实物图如图 2-3 和图 2-4 所示。

2.4.3　10kV 低压开关车

10kV 低压开关车设计图纸及设计实物图如图 2-5 和图 2-6 所示。

2.4.4　集装箱体

（1）尺寸：根据具体工程确定。

（2）集装箱框架主体材料为 Q235 碳钢。

（3）顶板、侧板、门板材质为 Q235 碳钢，外表板材厚度不小于 1.2mm。

（4）角件材质为碳钢，满足《系列 1 集装箱 角件》(GB/T 1835) 要求。

（5）平台踏板与走道踏板为花纹板，厚度 4.0mm。

（6）铰链、锁杆、托架、条杆等要求为 Q235 碳钢件。

（7）箱体保温材料为岩棉保温板，保温层厚度不小于 25mm，以满足箱体保温、隔热、防火、防潮要求。

（8）主要设备整体集中于集装箱内（不含避雷针与制冷机组）。

（9）设备在集装箱内要有牢固的固定，集装箱设计有与设备连接的专用防震连接部件，振动等级能达到 A 级。

（10）集装箱外观整洁大方、美观合理。

（11）集装箱内用电磁屏蔽墙将箱体分成两个隔舱。

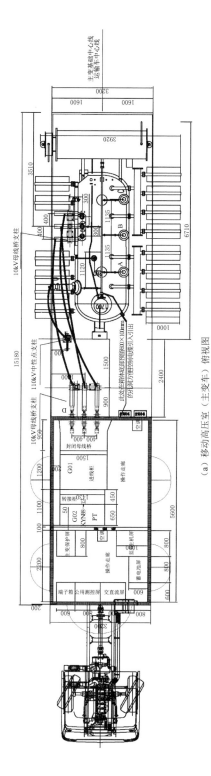

（a）移动高压室（主变车）俯视图

图 2-1（一） 110kV 主变压器车设计图纸（单位：mm）

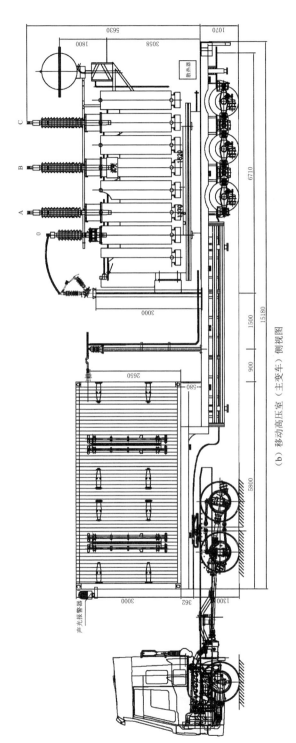

（b）移动高压室（主变车）侧视图

图 2－1（二） 110kV 主变压器车设计图纸（单位：mm）

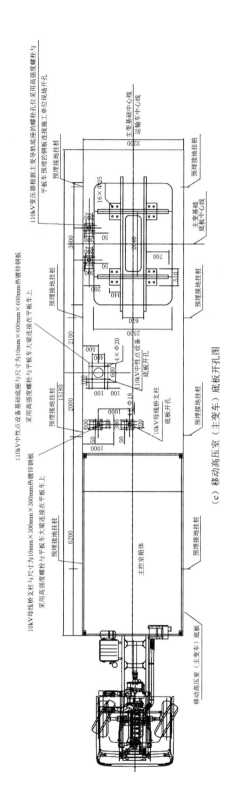

（c）1(三) 110kV主变压器车设计图纸（单位：mm）

图2-1(三) 移动高压室（主变车）底板开孔图

图 2-2　110kV 主变压器车设计实物图

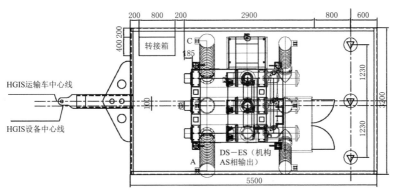

（a）HGIS运输车平面布置图

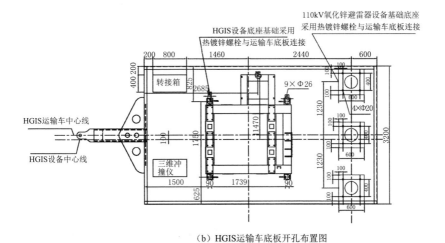

（b）HGIS运输车底板开孔布置图

图 2-3（一）　110kV 高压开关车设计图纸（单位：mm）

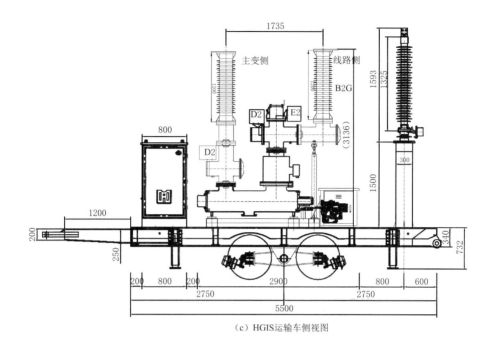

（c）HGIS运输车侧视图

图 2-3（二） 110kV 高压开关车设计图纸（单位：mm）

图 2-4 110kV 高压开关车设计实物图

（12）箱体两侧（长度方向）均开门，屏蔽墙前面部分箱门分成上下箱门，上箱门采用上开式或左右双开式，下箱门放下可当走道；屏蔽墙后面部分箱体左右两侧及后面开门，开门方式采用集装箱铰链、锁杆、托架、条杆、门封等。

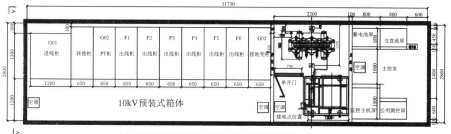

（a）10kV移动高压室（配电车）箱体平面图

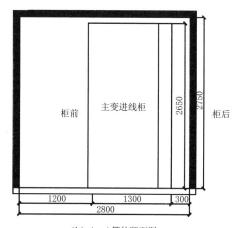

（b）A—A箱体断面图

图 2-5　10kV 低压开关车设计图纸（单位：mm）

图 2-6　10kV 低压开关车设计实物图

（13）箱底预留接线孔位。

（14）箱内预留空调安装座。

（15）箱体整体接地。

（16）进行避雷针设计，同时箱体顶端装两个警示灯。

（17）外部门有锁，可进行封锁。

（18）底部预留排水孔，方便检修时排水。

（19）箱体油漆为黄色户外漆，三底二面厚度不小于1mm。

2.4.5 转弯半径

转弯半径为 10～12m（带挂 GIS），10kV 低压开关车转弯半径为 8～9m。

2.4.6 控制系统

（1）液压表应符合相应产品技术条件规定。

（2）配备车载液压升降系统，满足整车及设备整体举升要求，并可举升至轮胎外沿离地面不小于30mm处，并且实现高度位置锁定。

2.4.7 支撑腿

挂车底盘应加装支撑系统（不小于 4 个支撑腿），以免移动变电站长期使用时轮胎受力过大。支撑系统能够实现手动及自动操作，且支撑系统每个支撑件应能够单独调节。

支撑系统的支撑腿固定在挂车大梁，使用时支撑腿向下伸出触地，将车身顶起，使挂车大部分（或全部）重量由支撑腿支撑，保持车体平稳，减轻车板负载。使用完毕，支撑腿向上收起，离地有足够高度，保证有充分离地高度，确保行车安全、保护轮胎及设备安全。支撑腿带有锁定保护，在不平路面使用时按高度差进行调平，与地接触面积大、稳定性强。

2.4.8　挂车与设备间的接口要求

（1）为便于设备灵活快捷安装，设备与挂车之间采用螺栓连接。螺栓强度应保证发生 $10g$（g 为重力加速度）冲撞时，螺栓不被损坏。

（2）挂车应设置专门的连接安装板，便于拆卸安装。

（3）为减少冲撞对电气设备的损坏，减少运输时剧烈振动对设备的影响，挂车与设备连接处应考虑有效的减振措施。

2.4.9　附件

车载平台所需附件见表 2-2。

表 2-2　　　　　　　　　车载平台所需附件表

序号	名称（规格）	数量/个	备　注
1	水平校准仪	3	
2	备胎	6	（含备胎架）
3	车体上开有固定孔		
4	工具箱	3	

2.4.10　备品备件

车载平台所需备品备件见表 2-3。

表 2-3　　　　　　　　　备品备件表

序号	名称（规格）	数量	备　注
1	登舱梯	6个	额颈侧和平板侧各1个
2	变压器固定件		
3	主变压器车和110kV高压开关车之间的连接用液压油管、电气路管	15m	
4	连接插销	3个	
5	油压支持腿垫用钢板（500mm×500mm×14mm）	10块	

2.5 移动地网

在电力系统中，为了工作和安全需要，需将电力系统及某些电气设备的某些部分接地，形成移动地网，作用包括，一是保护设备和人身安全，二是抑制干扰。如果移动地网设计错误，轻则造成仪表不正常工作，重则造成严重事故。按其作用，接地可分为工作接地、保护接地、防雷接地和防静电接地。

接地网有缺陷时会引发一些事故，既有地网接地电阻方面的问题，也有地网均压方面的问题。随着电网发展，特别是发电厂、变电所内微机保护、综合自动化装置的大量应用，这些弱电元件对接地网要求更高，因此需重视地电位干扰对监控和自动化的影响。

接地装置的设置应满足人身安全及网络设备安全正常运行和系统设备的安全要求。

（1）交流工作接地，接地电阻 $R \leq 0.5\Omega$。

（2）安全保护接地，接地电阻 $R \leq 0.5\Omega$。

相关措施按相关规程规范及反措规定执行。

为了快速便捷地安装接地装置，可采用备用钢板和钢棍作为移动接地装置材料，但需要满足以下条件：

1. 人工接地网的敷设

（1）人工接地网的外缘应闭合，外缘各角应做成圆弧形，圆弧的半径不宜小于均压带间距的一半。

（2）接地网内应敷设水平均压带，按等间距或不等间距布置。

（3）35kV 及以上变电站接地网边缘经常有人出入的走道处，应铺设碎石、沥青路面或在地下装设 2 条与接地网相连的均压带。

（4）钢接地体的最小规格见表 2-4。

2. 接地装置的敷设

（1）接地体顶面埋设深度应符合设计规定。当无规定时，不应小于

表 2-4　　　　　　　　　　　　钢接地体的最小规格

种类、规格及单位		地　　上		地　　下	
		室内	室外	交流电流回路	直流电流回路
圆钢直径/mm		6	8	10	12
扁钢	截面/mm²	60	100	100	100
	厚度/mm	3	4	4	6
角钢厚度/mm		2	2.5	4	6
钢管管壁厚度/mm		2.5	2.5	3.5	4.5

0.6m。角钢、钢管、铜棒、铜管等接地体应垂直配置。除接地体外，接地体引出线的垂直部分与接地装置连接（焊接）部位外侧100mm范围内应做防腐处理；在做防腐处理前，表面必须除锈并去掉焊接处残留的焊药。

（2）接地线应采取防止发生机械损伤和化学腐蚀的措施。在与公路、铁路或管道等交叉及其他可能使接地线遭受损伤处，均应用钢管或角钢等加以保护。接地线在穿过墙壁、楼板和地坪处应加装钢管或其他坚固的保护套，有化学腐蚀的部位还应采取防腐措施。热镀锌钢材焊接时将破坏热镀锌防腐，应在焊痕外100mm内做防腐处理。

（3）接地干线应在不同的两点及以上与接地网相连接。自然接地体应在不同的两点及以上与接地干线或接地网相连接。

3. 明敷接地线的安装

（1）接地线的安装位置应合理，便于检查，无碍设备检修和运维。

（2）接地线的安装应美观，防止因加工方式造成接地线截面减小、强度减弱、容易生锈。

（3）支持件间的距离，在水平直线部分宜为0.5～1.5m；垂直部分宜为1.5～3m；转弯部分宜为0.3～0.5m。

（4）接地线应水平或垂直敷设，也可与建筑物倾斜结构平行敷设；在直线段上不应有高低起伏及弯曲现象。

（5）接地线沿建筑墙壁水平敷设时，离地面距离宜为250～300mm；接地线与建筑物墙壁间的间隙宜为10～15mm。

（6）在接地线跨越建筑物伸缩缝、沉降缝处时应设置补偿器。补偿器可用接地体本身弯成弧状代替。

2.6 植物油在移动变电站的应用

2.6.1 植物油的应用情况及优势

植物油凭借其高燃点，绿色环保（降解＋无毒）及减缓纤维素绝缘纸老化（保持绝缘纸干燥）的特性而得到越来越多关注。植物油变压器已有超过 20 年应用经验，IEC/IEEE/ASTM 等组织已建立植物油变压器的完善标准体系。全球许多用户已通过将变压器原有矿物油更换为植物油而实现价值。例如：美国嘉吉公司生产的 FR3 的燃点高达 360℃，已有超过 200 万台应用业绩，最高电压等级 420kV，包括超过 15000 台换油使用经验。

2017 年 3 月 30 日—4 月 12 日，广东电网有限责任公司电力科学研究院对清远供电局一台 10kV、100kVA 变压器进行了换油（FR3 替换矿物油）前后过载时间试验，结果显示换油后变压器在 1.5 倍、1.8 倍、2.0 倍额定电流下运行过载时间分别延长了 48%、27% 和 8%。

国内植物油变压器标准方面，《电力变压器用天然酯绝缘油选用导则》（DL/T 1811）于 2018 年 7 月 1 日起实施，沈阳沈变所电气科技有限公司机械行业标准于 2019 年年底发布，中国电力企业联合会标准在 2019 年年底前发布。中国南方电网有限责任公司实施的《20kV 及以下电网装备技术导则》（Q/CSG 1203004.3）指示在人口密集、防火防爆要求高和环境敏感区域使用植物油变压器。《10kV 天然酯绝缘油配电变压器技术规范》（Q/CSG 1203055）2018 年 12 月 28 日发布。国家电网有限公司《10kV 变压器采购标准　第 6 部分：10kV 三相天然酯绝缘油变压器专用技术规范》（Q/GDW 13002.6）在 2019 年 6 月发布。《国家电网公司重点推广新技术目录（2017 版）》第二次将植物油变压器包括在内。

2.6.2 植物油的试验标准

移动变电站植物油（天然酯绝缘油）新油检测标准和矿物油大体相同。目前没有针对换油后的油质量标注，换油后可参考 IEEE Guide for

Acceptance and Maintenance of Natural Ester Insulating Liquid in Transformers（IEEE C57.146）和 DL/T 1811 中相关电压等级的限制值，移动变电站植物油试验标准见表 2-5。

表 2-5　　　　　　　移动变电站植物油试验标准

项　目	要　求	试　验　方　法
外观	清澈透明、无沉淀物和悬浮物	目测
击穿电压（2.5mm）/kV	≥45	《绝缘油击穿电压测定法》（GB/T 506）
酸值/（mg KOH/g）	≤0.06	《Test method for non miniral insulating oils》（IEC 62021-3）
水含量/（mg/kg）	≤150	《运行中变压器油和汽轮机油水分含量测定法（库仑法）》（GB/T 7600）
运动粘度（40℃）/（mm²/s）	≤50	《石油产品运动粘度测定法和动力粘度计算法》（GB/T 265）
燃点/℃	>300	《石油产品闪点和燃点的测定　克利夫兰开口》（GB/T 3536）

2.6.3　植物油更换施工工序

植物油换油工艺步骤见表 2-6。

表 2-6　　　　　　　植物油换油工艺步骤

序号	步　骤	要　点	备　注
1	严格遵守所有必需的安全预防措施、准则和规定	遵循制造商为每台变压器提供的维修建议；此外，严格遵守所有必需的安全预防措施、准则和规定	
2	设备准入	遵循适用的安全预防措施和规定	记录所有铭牌信息，确定允许的油箱真空度，确保设备与电力系统隔离
3	所有设备接地	包括变压器、泵和油箱	确保静电放电
4	取油样	油化验和溶解气体分析	数据留底
5	排油	如果变压器与排油塞同高或向排油塞倾斜，可通过使用干燥空气将正压力调整到约 34kPa 将油挤出，或者通过排油阀抽油	当油面低于下集油管时，如果无法冲洗上集油管，应取下排油塞来完全排净散热器中的油

序号	步 骤	要 点	备 注
6	替换密封件	老旧变压器密封件老化可能导致漏油	变压器已全部更换为新的丁腈橡胶，换为植物油后可不换密封件
7	排油后持续2h，保证器身滴油完成	根据油箱机械受力极限，将油箱抽真空可加快滴油速度	排油后延长器身滴油时间，从而减少矿物油残留
8	使用热的FR3天然酯冲洗	控制冲洗压力，避免绝缘损伤。冲洗要包含注油阀、集油管、连接管路和片散内的残油	建议冲洗液温度控制在50～80℃
9	等待变压器器身滴油	滴油时间1h	
10	清除变压器底部沉淀物	利用移除排油阀后的孔洞清除沉淀物	将残留油和其他污染物减少到最少
11	填注变压器	油箱抽真空至80Pa，达到基准压力后，开始通过放油阀注油	油温最低为50℃，使用不小于0.5μm滤油器。将基准压力限制为变压器油箱额定值
12	粘贴标签，做好清洁工作	标明变压器已更换为FR3天然酯	记录油桶上FR3批次号。擦拭干净漏洒的FR3天然酯，避免形成薄膜
13	静放	静放至少48h	等待气泡消散
14	取油样	检查和维持正压力，采集油样	确认变压器不漏油，建立新油测试参数基准
15	交接试验	按相关标准执行	
16	遵循标准维护计划表和规程	密切关注密封件渗漏迹象，6个月后采油样	
17	变压器存放期间注意事项	尽量减少浸油物料和空气的接触，完整装配为最佳存储状态，拆卸下的油枕、片散、管路等，用封板妥善密封	

2.6.4 植物油在移动变电站的使用效果

　　某工程中变压器换油后，顺利通过所有交接试验。换油后绝缘油燃点为340℃，远高于标准要求值300℃，属于难燃液范围。投运后进行多次取油样。变压器本体油化验结果见表2-7。

表 2-7　　　　　　　　　　　变压器本体油化验结果

日　期	氢气 /(μL/L)	甲烷 /(μL/L)	乙烷 /(μL/L)	乙烯 /(μL/L)	乙炔 /(μL/L)	一氧化碳 /(μL/L)	二氧化碳 /(μL/L)	总烃 /(μL/L)	耐压 /kV	微水 /(mg/L)
2019.4.30	2.60	1.46	76.94	0.71	0	15	152	79.11	—	44.8
2019.5.3	2.08	1.70	73.80	0.77	0	19	361	76.27	—	—
2019.5.6	2.60	1.75	73.24	0.80	0	18	191	75.79	—	50.2
2019.5.16	3.69	3.08	79.03	1.23	0	26	325	83.34	—	74.3

2019 年 5 月 6 日变压器有载调压开关取油样，油击穿电压为 74.9kV，水含量为 152.2mg/L。可见，虽然处于自由呼吸方式导致有载调压开关油中水含量较本体高，但油的绝缘性能优越。为保证有载调压开关油的长期稳定运行，将在变压器停运期间对有载调压开关油枕进行改造，从自由呼吸式改为和本体油枕相同的带胶囊密封式。

第3章 组装与应用

3.1 应用场景

3.1.1 应用于110kV户内GIS变电站

3.1.1.1 应用"三车"作为110kV临时大容量供电系统案例

1. 应用概况

某110kV变电站GQ应用"三车"作为110kV临时大容量供电系统概况见表3-1。

表3-1 　某110kV变电站GQ应用"三车"作为110kV
临时大容量供电系统概况

类型	移动变电站应用情况	接入方式	地面处理方式	特 点
户内GIS变电站	1号车+2号车 +3号车	架空导线进线	硬化混凝土基础	作为110kV临时 大容量供电系统

2. 应用背景

该110kV变电站GQ为110kV线路/母线——变压器组接线,系统图如图3-1所示。总容量为150MVA,2019年最大负载率为77.33%,容载比1.29。1号(2004年投产)、2号(2003年投产)、3号(2007年投产)主变压器2019年最大负荷日负载率分别为72%(36MW)、84%(43MW)、70%(35MW)。

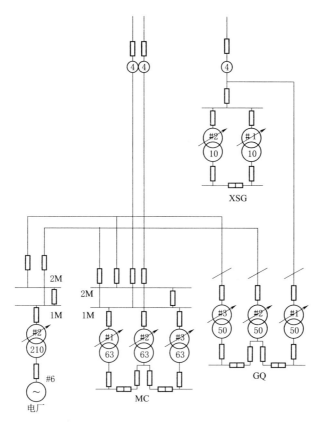

图 3-1 该 110kV 变电站 GQ 系统接线图

3. 110kV 变电站负荷概况

（1）变电站供电能力接近极限。2019 年该 110kV 变电站三台主变压器峰期均出现重载（80%）运行，2020 年迎峰度夏期间该变电站 2 号主变压器将过载运行（120%）。

（2）供电范围内规划电源不足与负荷需求快速增长矛盾突出。该变电站最大负荷 2019 年快速增长，增长率达到 14.85%，近两年平均增长率为 10.09%，均快于当地 5.64% 负荷增长率，该 110kV 变电站供电范围预计负荷增长情况见表 3-2。

（3）供电业务扩展受阻。该 110kV 变电站现在 10kV 间隔有 37 个，已利用或已有利用计划的有 37 个，出线全部用尽，满足不了新增用户出线间隔需求，10kV 断路器受周边电源不足影响，存在因无法按期开展检修维护工作而导致的发热风险，影响供电能力。

表 3 - 2 　　　　　　该 110kV 变电站供电范围预计负荷增长情况

主变压器编号	1 号	2 号	3 号
2019 年迎峰度夏最峰值/MW	36.00	43.04	35.00
2020 年接入用户容量/kVA	18015	27230	10000
2020 年用户接入新增负荷（系数按 0.5）/MW	9.01	13.62	5.00
2020 年用户接入后负荷/MW	46.09	57.66	41.05
2020 年用户接入后主变压器电流/A	2529.00	3166.30	2252.00
2020 年预测红线值比例/%	95.44	119.48	85.00
2020 年预测变压器负载率/%	92.18	115.03	82.10
2019 年方式调整峰值/MW	43	43	41
2020 年用户接入后按方式调整峰值核算/MW	52.01	57.62	46.00

（4）新增电源点无法在短期内投产。有一 220kV 变电站 BZ 计划 2020 年年底投产，其 10kV 供电半径不在 GQ 变电站负荷区内，无法解决该片供电需求。拟投运的 110kV 变电站 ZP 可解决 GQ 变电站的重过载问题，但进度滞后，急需制定临时过渡方案。拟投运 220kV BZ 变电站和 110kV ZP 变电站情况如图 3 - 2 所示。

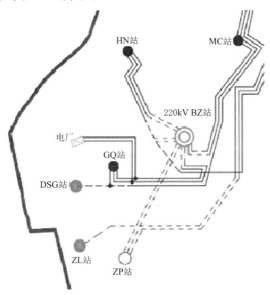

图 3 - 2 拟投运的 220kV BZ 变电站、110kV ZP 变电站情况

4. 解决方案

为解决 GQ 变电站供电能力及其供电范围内规划电源不足与供电需求之间的突出矛盾，在 110kV GQ 变电站通过 110kV 进新港线 T 接大容量移动变电变站，主体装置由"三车三模块"组成。GQ 变电站接入的移动变电站容量为 40MVA，同步配套新建的 6 回 10kV 馈线，经济运行下增加 3 万 kW 供电负荷，作为保供电措施，可以有效缓解 GQ 变电站的负荷供需矛盾。GQ 变电站大容量供电系统设计方案如图 3-3 所示，GQ 变电站大容量移动变电站总平面布置图如图 3-4 所示。

5. 工程实施

（1）移动变电站"三车三模块"。（大容量移动供电系统），移动变电站分别由布置在 GQ 变电站 110kV 架空出线侧围墙外的三台运输车组成，各辆运输车及车上附属设备成套组装，分别是 110kV 进线、临时主变压器及 10kV 配电装置三个模块。

（2）电力系统。110kV 临时主变压器电源（大容量移动供电系统）通过进线 T 接至进新港线。

（3）电气主接线。三台车经电气连接后主接线为：110kV 采用线路/母线—变压器组接线；10kV 采用单母线接线。

（4）中性点接地方式。采用主变压器 110kV 中性点经隔离开关接地，10kV 经小电阻接地系统。

（5）主要电气设备选型及导体选择。根据广东电网公司印发的《广东省电力系统污区分布图》（2014 版），站址位于 d 级污区。根据《污秽条件下使用的高压绝缘子的选择和尺寸确定 第 2 部分：交流系统用瓷和玻璃绝缘子》（GB/T 26218.2）规定，该站在规划设计时防污等级按 e 级设计，即 110kV 中性点直接接地系统爬电比距按不小于 53.7mm/kV 考虑（电压按 $U_{\mathrm{m}}/\sqrt{3}$ 计算，U_{m} 为系统最高运行电压）。

（6）主变压器。

1）型号：SFZ8-40000/110 40/25MVA 三相双绕组油浸风冷有载调压变压器。

2）容量比：40/25MVA。

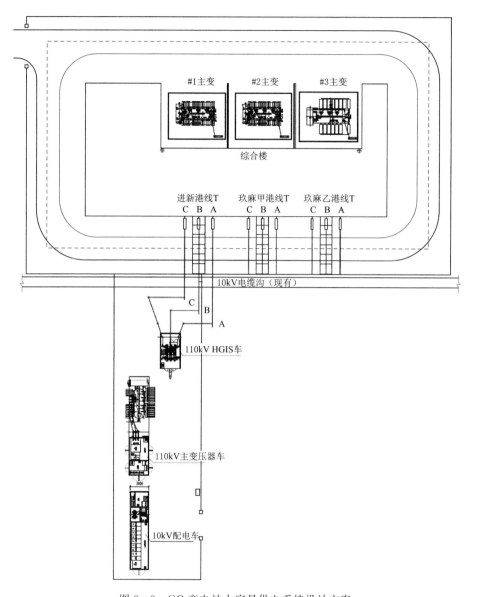

图 3-3　GQ 变电站大容量供电系统设计方案

3）电压比：$110\pm8\times1.25\%/10.5kV$。

4）接线组别：YN，d11。

5）阻抗电压百分值：U_k（Ⅰ-Ⅲ）$=10.5\%$。

（7）110kV 配电装置。具体如下：

110kV GIS 额定电流为 2000A，短路开断电流为 40kA。线路间隔内

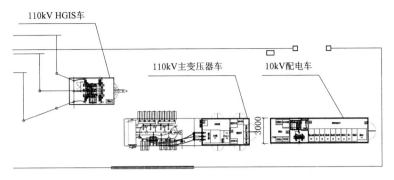

图 3-4 GQ变电站大容量移动变电站总平面布置图

附套管式电流互感器为 800/1A，5P40/5P40/5P40/0.5S/0.2S，10/10/10/10/10 VA。

（8）10kV配电装置。主变压器进线柜采用 XGN-12 金属铠装固定式开关柜，馈线柜选用 KYN88-12 金属铠装移开式开关柜，配纵旋开关。

1）10kV 断路器：主变压器进线为 4000A/40kA；馈线为 1250A/31.5kA。

2）10kV 电流互感器：主变压器进线为 5000/1A，0.2S/0.5S/10P40/10P40，10VA/10VA/10VA/10VA；各馈线为 600～1000/1A，0.2S/0.5S/10P25，10VA/10VA/10VA/10VA；接地变兼站用变为 300/1A，0.2S/0.5S/10P40，10VA/10VA/10VA。

3）10kV 避雷器：YH5WZ-17/45。

4）10kV 电压互感器：JDZX-10，$10/\sqrt{3}:0.1/\sqrt{3}:0.1/\sqrt{3}:0.1/3$，0.2/0.5/3P，50VA/50VA/50VA，带一次消谐。

5）小电阻接地成套装置：接地变兼站用变压器为 DKSC-630/200/10.5；接地电阻器为 10Ω。

（9）防雷接地。主变压器高、低侧，110kV 线路侧及主变压器 110kV 中性点均装设氧化锌避雷器，作为雷电侵入波过电压保护。主变压器车集装箱和 10kV 低压开关车集装箱分别设置 1 支避雷针作为防直击雷保护。相关电气设备、集装箱设置有接地连接点方便与变电站主接地网连接。利用热镀锌扁钢接入变电站。

GQ 变电站大容量移动变电站应用情况如图 3-5 所示。

图 3-5 GQ变电站大容量移动变电站应用情况

3.1.1.2 组合"1号车＋2号车"临时替代停电设备案例

1. 应用概况

某110kV变电站组合"1号车＋2号车",并列"T"接至110kV GIS间隔与主变压器相连处,替代停电主变压器,也可与运行主变压器并列,110kV变电站组合"1号车＋2号车"移动变电站概况见表3-3。

表3-3　　110kV变电站组合"1号车＋2号车"移动变电站概况

类　型	移动变电站应用情况	接入方式	地面处理方式	特　点
户内GIS变电站	1号车＋2号车	并列"T"接	硬化混凝土基础	既可替代停电主变压器,也可与运行主变压器并列

2. 应用背景

该110kV变电站为110kV户内GIS变电站,在准备进行综合改造工程施工时,因变电站负荷较大,无法停运其中一台主变压器进行施工,为减少停电风险,考虑在该站实施运行移动变电站。对110kV变电站进行勘察,由于110kV线路是从某220kV变电站全程采用电缆方式进入,因此无法采用110kV架空线路引接接入移动变电站,如果在站外采用110kV电缆引接至110kV GIS设备,施工工期大约一个星期,实施性较差,并且移动变电站110kV GIS设备为架空出线。

将移动变电站直接"T"接至110kV GIS间隔与主变压器相连的钢芯铝绞线上（羊角处），形成并列运行，变电站主变压器与移动变电站主变压器同时运行，移动变电站接入户内GIS站接线图和示意图如图3-6和图3-7所示。

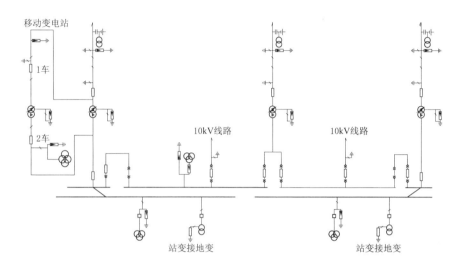

图3-6 移动变电站接入户内GIS站接线图

图3-7 移动变电站接入户内GIS站示意图

经核实该 110kV 变电站 110kV 间隔电流互感器为 300～600A，满足运行要求，110kV 断器和 110kV 隔离开关均满足 2 台主变压器同时运行的要求。

移动变电站接入户内 GIS 站配件物资表见表 3-4。

表 3-4　　　　　　　　移动变电站接入户内 GIS 站配件物资表

序号	产品名称	型号	单位	数量
1	110kV 支柱绝缘子	ZSW-110-12	支	3
2	压缩型铝设备线夹	SY-400/50A	只	6
3	压缩型铝设备线夹	SY-400/50B	只	7
4	压缩型铜铝设备线夹	SYG-400/50BQ	只	3
5	T 形线夹	TY-400/50	只	3
6	钢芯铝绞线	JL/LB1A-400/50	m	60
7	软导线固定金具	MDG-4	套	3
8	交联电缆（阻燃）	ZR-YJV62-8.7/15-1×400mm²	m	500
9	户外冷缩终端头	10kV 三相 配 ZR-YJV62-8.7/15 1×400mm² 电缆用	套	6
10	户内冷缩终端头	10kV 三相 配 ZR-YJV62-8.7/15 1×400mm² 电缆用	套	6
11	绝缘软铜线	RV-120	m	200
12	接地下引线	-50×5 热镀锌扁钢	m	50
13	有机堵料	<2g/cm	kg	100
14	无机堵料		kg	20
15	安装铁件		kg	100
16	修建 20m 道路		项	1
17	场地平整		项	1
18	支柱绝缘子基础		基	3
19	钢管杆	高 3m 支柱绝缘子支柱	根	3
20	钢板	3000mm×2000mm GIS 车支撑用	块	4
21	有机堵料	小于 2g/cm	kg	200
22	无机堵料		kg	40
23	1kV 动力电缆	ZRB-YJV22-1-3×70mm²+1×35mm²	m	100

方案实施主要问题为当前运行接线方式为一条线路带 2 台主变压器，如果该条线路停电，2 台主变压器均失电。

3. 二次部分

移动变电站接入户内 GIS 站系统图如图 3-8 所示。移动变电站接入户内 GIS 站保护范围图如图 3-9 所示。实线部分为 110kV 变电站原有设备，虚线部分为 110kV 移动变电站设备。

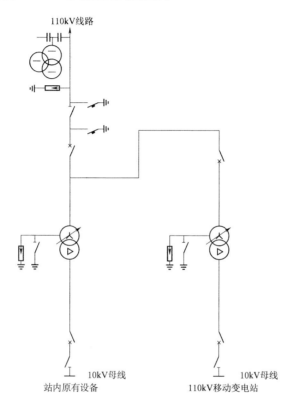

图 3-8　移动变电站接入户内 GIS 站系统图

站内主变压器保护和 110kV 移动变电站设备主变压器保护，均配置有差动保护、高后备保护、低后备保护。实现对原站内设备和 110kV 移动变电站设备的保护全覆盖。以上设备发生故障时，均在保护范围内。

移动变电站接入户内 GIS 站的主变压器保护分析如图 3-10～图 3-13 所示。

若故障点发生在如图 3-10 所示虚框内，此故障在 110kV 移动变电站保护装置的保护范围，110kV 移动变电站所配置的保护能正常隔离故障，当故障被隔离后站内原有主变压器设备能正常运行。

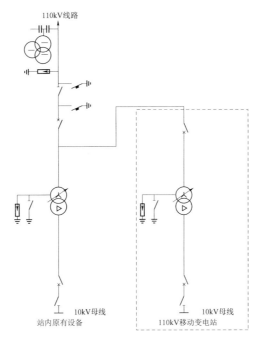

图 3-9 移动变电站接入户内 GIS 站保护范围图

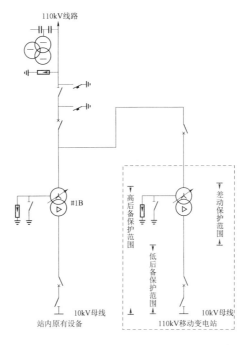

图 3-10 移动变电站接入户内 GIS 站的主变压器保护分析 1

若故障点发生在如图 3-11 所示虚框内,此故障在原变电站保护装置
保护范围,所配置保护能正常隔离故障。

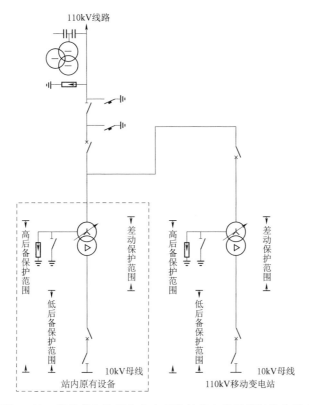

图 3-11 移动变电站接入户内 GIS 站的主变压器保护分析 2

当故障只跳开变压器低压侧断路器时,110kV 移动变电站能正常运
行。当故障跳开变压器高压侧断路器时,原站内变压器和 110kV 移动变电
站均不能正常运行。因此,当 110kV 移动变电站接入 110kV LD 站时,需
核实及计算高后备保护和低后备保护的动作时间差,避免因 10kV 部分故
障跳开变压器高压侧断路器造成站内主变压器与 110kV 移动变电车同时
失电。

若故障点发生在如图 3-12 所示虚框内,此故障在原变电站保护装置
的保护范围内,能正常工作跳开变压器高压侧、低压侧断路器。若此时
110kV 移动变电站转接 10kV 环网线路时,将导致 110kV 移动变电站和虚
框内设备存在带电风险。

若故障点发生在如图 3-13 所示虚框内,此故障点不在站内主变压器

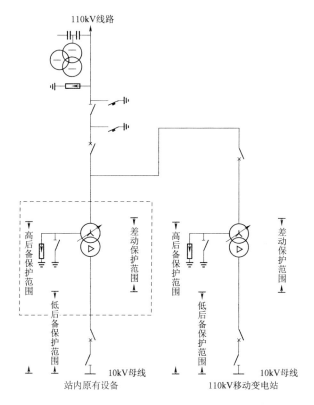

图 3-12 移动变电站接入户内 GIS 站的主变压器保护分析 3

和 110kV 移动变电站的保护范围内，不能正常隔离故障，需靠对侧线路保护动作跳开对侧断路器，对虚线框内故障进行切除，此故障将会造成站内 110kV 电源失压，站内主变压器和 110kV 移动变电站退出运行。站内 10kV 母线只能靠分段备投动作恢复 10kV 母线正常运行。移动变电站 10kV 母线无法重新投入正常工作。

结论如下：

（1）110kV 移动变电站按系统接线图所示方式接入 110kV 变电站，站内保护配置和 110kV 移动变电站保护配置能满足该种方式需求。

（2）当 110kV 移动变电站转接的 10kV 环网线路时，需考虑 110kV 移动变电站有反送电风险。

（3）该运行方式只能作为主变压器、断路器、隔离开关故障抢修或检修等施工周期较短的临时短时接入，不能作为长期运行所采用的方式。

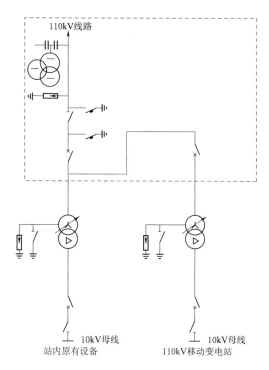

110kV线路

10kV母线
站内原有设备

10kV母线
110kV移动变电站

图 3－13　移动变电站接入户内 GIS 站的主变压器保护分析 4

3.1.2　应用于 110kV 户外 AIS 变电站

3.1.2.1　应用"三车"作为 110kV 临时大容量供电系统案例

1. 应用概况

110kV 变电站应用"三车"作为 110kV 临时大容量移动变电站概况见表 3－5。

表 3－5　110kV 变电站应用"三车"作为 110kV 临时大容量移动变电站概况

类　型	移动变电站应用情况	接入方式	地面处理方式	特　点
户外 AIS 变电站	1 号车＋2 号车＋3 号车	架空导线进线	钢结构基础	作为 110kV 临时大容量供电系统

2. 应用背景

110kV 变电站为 110kV 户外 AIS 变电站，采用 110kV 桥型接线，总容量为 150MVA，截至 2020 年最大负载率为 90.81%，供电范围以大工业为主。2020 年用户预报装容量已达 27.15 万 kVA，2020—2024 年该变电站与新建的另一变电站仍无法满足负荷增长需求。经过综合考虑计划通过移动变电站缓解该变电站供电能力不足问题。

经现场勘察，110kV 变电站进站道路尽头空间较大，满足移动变电站 3 台车驶入及安装要求，且围墙外有道路可以打通，便于后期维护、紧急抢修等大修车辆进出，完全符合长期运用场景需求。因主变压器、GIS 自身重量较大，为进一步增强设备运行稳定性，本案例采用钢结构基础将主变压器、GIS 放置在地面，接线方式为 110kV 电缆终端转架空导线"T"接 110kV 变电站线路间隔，10kV 馈线柜出线采用电缆连接配电网线路及用电负荷，接入后其系统接线图如图 3-14 所示。

3. 一次部分解决方案

运行方案如下：110kV 变电站左上角有一片空地可放置移动变电站，GIS 车可采用架空导线直接接入出线架空导线引取电源，经过移动变电站主变压器后经主变压器车接入 10kV 低压开关车，再经低压开关车馈线柜出线给配电网用户供电。110kV 变电站移动变电站电气总平面布置如图 3-15 所示。

注意事项如下：

（1）因站内部分场地不是硬化地面，需要对场地进行硬化处理。另外，选择采用钢结构基础可加快建设速度，同时保证地面承重能力。

（2）因移动变压器低压侧无电容电抗补偿，启动时无法利用电容电抗进行带负荷测试，需要利用配电网负荷接入开展，在启动时需特别注意与配电网线路启动的配合问题。

（3）考虑 110kV 变电站自身应急准备，移动变电站间隔在上方围墙侧新建一个大门，以满足应急抢修时大型车辆进出需求。

移动变电站接入 110kV 户外 AIS 变电站所需材料清单见表 3-6。

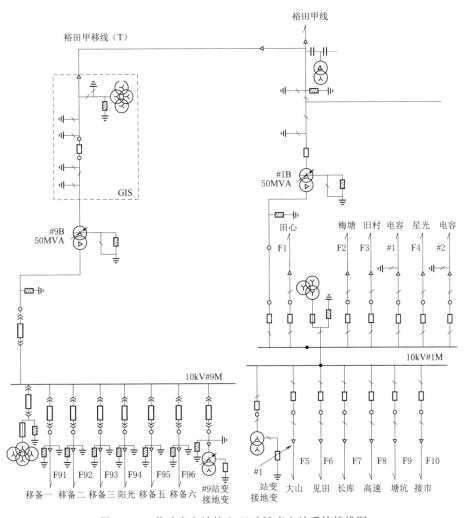

图 3-14 移动变电站接入 110kV 变电站系统接线图

表 3-6　移动变电站接入 110kV 户外 AIS 变电站所需材料清单

序号	产品名称	产品规格	单位	数量
1	110kV 支柱绝缘子	ZSW-110-12	支	9
2	压缩型铝设备线夹	SY-400/50A	只	6
3	压缩型铝设备线夹	SY-400/50B	只	3
4	压缩型铜铝设备线夹	SYG-400/50BQ	只	3
5	T 形线夹	TY-400/50	只	3
6	钢芯铝绞线	JL/LB1A-400/50	m	150
7	软导线固定金具	MDG-4	套	9

序号	产品名称	产品规格	单位	数量
8	交联电缆（阻燃）	ZR－YJV62－8.7/15－1×400mm²	m	480
9	户外冷缩终端头	10kV 三相配 ZR－YJV62－8.7/15 1×400mm² 电缆用	套	6
10	户内冷缩终端头	10kV 三相配 ZR－YJV62－8.7/15 1×400mm² 电缆用	套	6
11	绝缘软铜线	RV－120	m	200
12	接地下引线	－50×5 热镀锌扁钢	m	50
13	有机堵料	＜2g/cm	kg	200
14	防火涂料		kg	100
15	安装铁件		kg	100
16	场地平整		项	1
17	支柱绝缘子基础		基	9
18	钢管杆	3m 高支柱绝缘子支柱	根	9
19	钢结构基础		块	2
20	10kV 动力电缆	ZRB－YJV22－1－3×70mm²＋1×35mm²	m	100

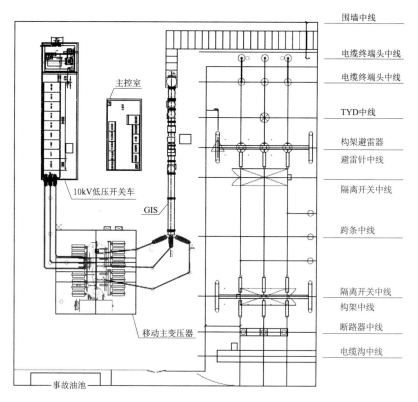

图 3－15　110kV 变电站移动变电站电气总平面布置图

4. 二次部分解决方案

移动变电站接入 110kV 变电站电气主接线图如图 3-16 所示。

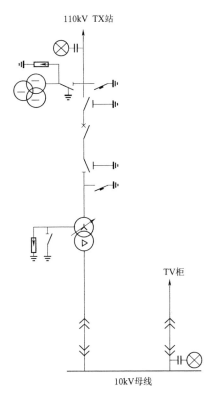

图 3-16　移动变电站接入 110kV 变电站电气主接线图

移动变电站接入 110kV 变电站保护范围示意图如图 3-17 所示。

110kV 移动变电站设备主变压器保护配置有差动保护、高后备保护、低后备保护，可实现对 110kV 移动变电站设备的全覆盖保护，以上设备发生故障时，均处于保护范围内。

移动变电站接入 110kV 变电站保护动作分析如图 3-18 和图 3-19 所示。

若故障发生在图 3-18 所示虚框内，此故障点不在 110kV 移动变电站所配置保护的保护范围，保护装置不能正常隔离故障，需靠对侧线路保护动作跳开对侧断路器，对虚线框内的故障进行切除。此故障将会造成站内 110kV 电源失压，站内主变压器和 110kV 移动变电站退出运行，站内

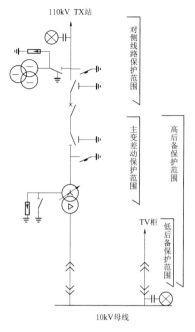

图 3-17 移动变电站接入 110kV 变电站保护范围示意图

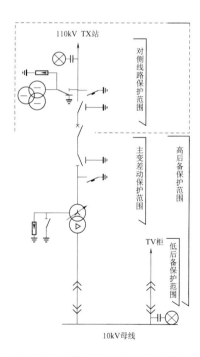

图 3-18 移动变电站接入 110kV 变电站保护动作分析 1

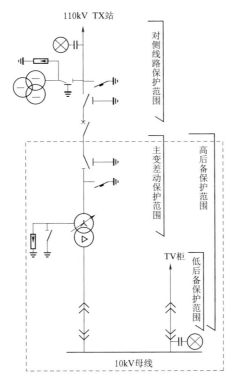

图 3-19　移动变电站接入 110kV 变电站保护动作分析 2

10kV 母线只能靠分段备投动作恢复 10kV 母线的正常运行，移动变电站 10kV 母线无法重新投入正常工作。

　　若故障发生在图 3-19 所示虚框内，此故障在 110kV 移动变电站保护装置的保护范围，110kV 移动变电站所配置的保护能够正常隔离故障，故障隔离后站内原有主变压器设备能够正常运行。

　　结论如下：

　　1）该运用场景相当于在 110kV 变电站扩建了一个独立间隔，因此其一次、二次设备安装、调试及运维与站内设备基本相同，运行方式简单明了。

　　2）110kV 移动变电站按系统接线图所示方式接入 110kV 变电站，站内保护配置和 110kV 移动变电站的保护配置能满足该种方式需求。

　　3）该运行方式安全稳定性较好，适合用在区域供电容量不足且馈线出线满足不了新增用户需求的场合，可作为长期运行采用的方式。

3.1.2.2 组合"1号车＋2号车"临时替代停电设备案例

1. 应用概况

110kV变电站组合"1号车＋2号车",1号车并列"T"接至110kV线路间隔,2号车接入主变压器10kV低压侧套管,可替代停电主变压器,也可与运行主变压器并列。110kV变电站组合"1号车＋2号车"移动变电站概况见表3-7。

表3-7 　　　110kV变电站组合"1号车＋2号车"移动变电站概况

类　型	移动变电站应用情况	接入方式	地面处理方式	特　　点
户外AIS变电站	1号车＋2号车	并列"T"接	钢结构基础＋硬化混凝土基础	既可替代停电主变压器,也可与运行主变压器并列

2. 应用背景

110kV变电站为110kV户外AIS变电站,场地及平面具有代表性,方案中考虑以110kV变电站为例,110kV变电站现在进行主变压器更换。经过调度运行分析,无法对原变电站负荷进行转供,因变电站负荷较大,无法停运其中一台主变压器进行施工建设,考虑在该站实施运行移动变电站。

对现场勘察得知,110kV变电站道路满足110kV移动高压室驶入要求。采用110kV架空导线"T"接110kV变电站线路间隔,10kV采用在电缆接入10kV低压侧套管的低压母线桥处接入移动变电站,形成由移动变电站进行供电。

移动变电站接入110kV户外AIS变电站系统接线图如图3-20所示。

(1)运行方案。110kV变电站围墙外有一片空地,占地长约60m,宽约50m。该位置可以放置移动变电站。GIS车采用架空导线直接接入出线架空导线引取电源,经过移动变电站主变压器后经主变压器车10kV开关柜接入1号主变压器10kV母线桥侧。此处采用电缆,电缆截面需根据综合改造工程实际需要转供负荷考虑。单条电缆长度约50m。从而形成由移动变电站对110kV变电站供电。移动变电站接入110kV户外AIS变电站现场地面和电缆接线示意图如图3-21和图3-22所示。

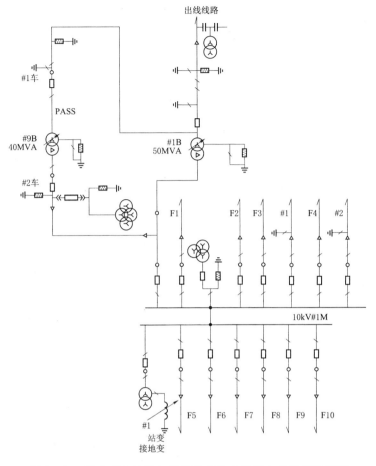

图 3-20 移动变电站接入 110kV 户外 AIS 变电站系统接线图

图 3-21 移动变电站接入 110kV 户外 AIS 变电站现场地面

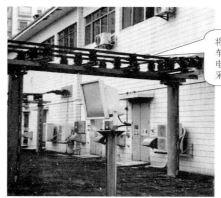

将10kV主变压器车10kV开关柜的电源引至此处，采用电缆连接

图 3-22　移动变电站接入 110kV 户外 AIS 变电站现场电缆接线

（2）注意事项。

1）当场地非硬化时，应对场地进行简单的硬化处理，即适当硬化铺钢板和移动变电站支撑腿处的地面，支撑腿应放在硬化墩上面。

2）因移动变电站在变电站围墙外，需专人看护，并且要制作围栏进行围挡。

3）采用软线或者圆钢接入现有变电站主接地网。

4）因 10kV 连接电缆和接地线需引入变电站，需适当在围墙开孔。

移动变电站接入 110kV 户外 AIS 变电站所需材料清单见表 3-8。

表 3-8　　移动变电站接入 110kV 户外 AIS 变电站所需材料清单

序号	产品名称	产品规格	单位	数量
1	110kV 支柱绝缘子	ZSW-110-12	支	9
2	压缩型铝设备线夹	SY-400/50A	只	6
3	压缩型铝设备线夹	SY-400/50B	只	3
4	压缩型铜铝设备线夹	SYG-400/50BQ	只	3
5	T 形线夹	TY-400/50	只	3
6	钢芯铝绞线	JL/LB1A-400/50	m	150
7	软导线固定金具	MDG-4	套	9
8	交联电缆（阻燃）	ZR-YJV62-8.7/15-1×400mm²	m	480
9	户外冷缩终端头	10kV 三相配 ZR-YJV62-8.7/15 1×400mm² 电缆用	套	6
10	户内冷缩终端头	10kV 三相配 ZR-YJV62-8.7/15 1×400mm² 电缆用	套	6
11	绝缘软铜线	RV-120	m	200
12	接地下引线	-50×5 热镀锌扁钢	m	50
13	有机堵料	<2g/cm	kg	100

序号	产品名称	产 品 规 格	单位	数量
14	无机堵料		kg	20
15	安装铁件		kg	100
16	修建20m道路		项	1
17	场地平整		项	1
18	支柱绝缘子基础		基	9
19	钢管杆	高3m支柱绝缘子支柱	根	9
20	钢板	3000mm×2000mm GIS车支撑用	块	4
21	有机堵料	<2g/cm	kg	100
22	无机堵料		kg	20
23	1kV动力电缆	ZRB-YJV22-1-3×70mm²+1×35mm²	m	100

3. 二次部分

移动变电站接入110kV户外AIS变电站系统接线图如图3-23所示。

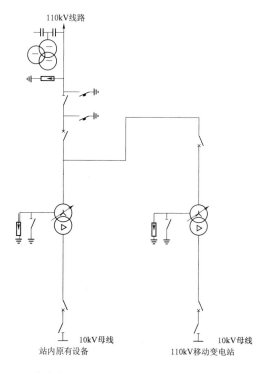

图3-23 移动变电站接入110kV户外AIS变电站系统接线图

移动变电站接入110kV户外AIS变电站保护示意图如图3-24所示。实线部分为110kV变电站内原有设备,虚线部分为110kV移动变电站设备。

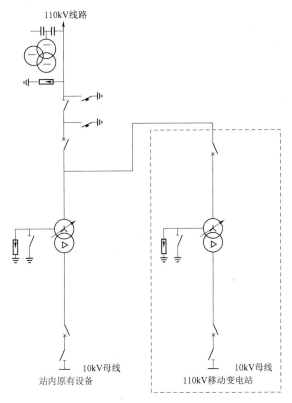

图3-24 移动变电站接入110kV户外AIS变电站保护示意图

站内主变压器保护和110kV移动变电站设备主变压器保护,均配置有差动保护、高后备保护、低后备保护。实现对原站内设备和110kV移动变电站设备的全覆盖保护。以上设备发生故障时,均在保护范围内。

移动变电站接入110kV户外AIS变电站保护动作分析如图3-25~图3-27所示。

若故障点发生在图3-25所示虚框内,此故障在110kV移动变电站保护装置的保护范围,110kV移动变电站所配置的保护能正常隔离故障,故障隔离后站内原有主变压器设备能正常运行。

其故障在图3-26所示原变电站保护装置的保护范围,站内所配置的保护能正常隔离故障。故障隔离后110kV移动变电站能正常运行。

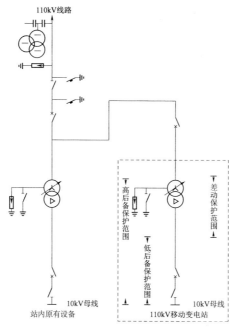

图 3-25　移动变电站接入 110kV 户外 AIS 变电站保护动作分析 1

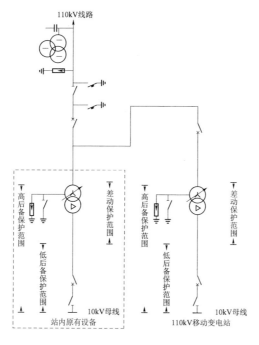

图 3-26　移动变电站接入 110kV 户外 AIS 变电站保护动作分析 2

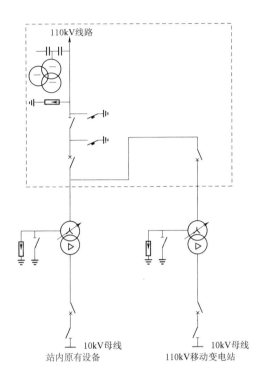

图 3-27 移动变电站接入 110kV 户外 AIS 变电站保护动作分析 3

若故障点发生在图 3-27 所示虚框内，此故障点不在站内主变压器和 110kV 移动变电站所配置的保护范围，保护装置不能正常地隔离故障，需靠对侧线路保护动作跳开对侧断路器，对虚线框内的故障进行切除，此故障将会造成站内 110kV 电源失压，站内主变压器和 110kV 移动变电站退出运行。站内 10kV 母线只能靠分段备投动作恢复 10kV 母线的正常运行，移动变电站 10kV 母线无法重新投入正常工作。

结论如下：

1）110kV 移动变电站按系统接线图所示方式接入 110kV 变电站，站内的保护配置和 110kV 移动变电站的保护配置能满足该种方式需求。

2）该运行方式能适应主变压器更换、断路器、隔离开关更换等施工工期较长、站内原设备需长时间退出运行的情况下工作，可作为长期运行采用的方式。

3.1.3 应用于110kV户外GIS变电站

3.1.3.1 单独应用"1号车"临时替代停电设备案例

1. 应用概况

110kV变电站单独"1号车"代替110kV母线，实现110kV变电站站外线路与主变压器的临时跳通，在110kV母线停电期间，1号车作为110kV变电站的唯一通电断路器带全站负荷，避免出现全站停电。110kV变电站组合"1号车"移动变电站概况见表3-9。

表3-9　　　　　110kV变电站组合"1号车"移动变电站概况

类　型	移动变电站应用情况	接入方式	地面处理方式	特　　点
户外AIS变电站	1号车	架空导线接入	硬化混凝土基础	代替110kV母线，实现线路和主变压器的临时跳通

2. 应用背景

110kV变电站为110kV户外GIS变电站，110kV变电站110kV的2个间隔GIS设备局放异常，为了消除缺陷，需对其进行开盖检修，更换母线隔离开关气室与气室连接盆式绝缘子以及下方母线气室支撑绝缘子，经充分对现场作业人身安全、电网及设备风险进行评估，该项消缺需要将110kV母线全停（110kV变电站全停）方能解决，为了避免110kV变电站全停，考虑利用移动变电站的110kV高压开关车断路器实现110kV变电站站外线路与主变压器的临时跳通，110kV母线在停电期间作为110kV变电站的唯一通电断路器带全站负荷，避免出现全站停电。110kV变电站一次接线图如图3-28所示。

运行方案如下：

（1）110kV变电站110kV GIS区域旁有空草地，可摆放110kV高压开关车，通过将1号主变压器及110kV进麻乙线停电实现互通。110kV高压开关车接入110kV户外GIS现场的布置图和外观如图3-29和图3-30所示。

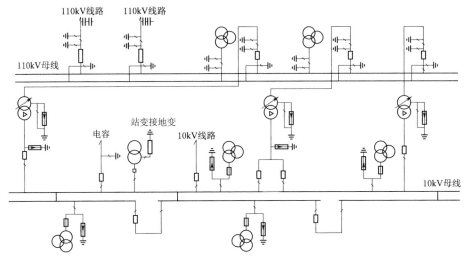

图 3 - 28　110kV 变电站一次接线图

（2）110kV 变电站 110kV 进麻甲线与玖麻甲线短接跳通，避免线路失电，如图 3 - 31 所示。

（3）110kV 变电站实现 110kV 进麻乙线经过 110kV 高压开关车再经过 1号主变压器供全站负荷，同时 110kV 母线全停开展缺陷处理工作，避免全站失压。110kV 高压开关车接入 110kV 户外 GIS 示意图如图 3 - 32 所示。

110kV 高压开关车接入 110kV 户外 GIS 所需材料清单见表 3 - 10。

3. 二次部分

110kV 高压开关车仅作为连通作用，原本站内 1 号主变压器的差动保护、高后备保护、低后备保护均继续沿用，等同于按照线路/母线—变压器组方式实现对原站内设备和 110kV 高压开关车设备的全覆盖保护。以上设备发生故障时，均在保护范围内。

4. 结论

（1）110kV 移动变电站 110kV 高压开关车按图 3 - 29～图 3 - 32 所示方式接入 110kV 变电站，站内的保护配置能满足该种方式需求。

（2）该运行方式能适应 110kV 母线停电开展工作，有效避免全站全停，可作为短期运行采用的方式。

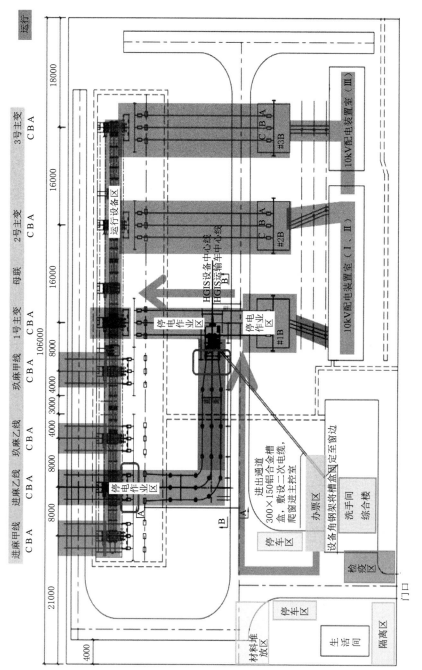

图 3-29 110kV 高压开关车接入 110kV 户外 GIS 布置图（单位：mm）

表 3-10　　110kV 高压开关车接入 110kV 户外 GIS 所需材料清单

序号	产品名称	产品规格	单位	数量
1	110kV 支柱绝缘子	ZSW-126/6	支	16
2	钢芯铝绞线	JL/GIA-240/30	m	25
3	压缩型铝设备线夹	SY-240/30C	套	1
4	压缩型铝设备线夹	SY-240/30B	套	2
5	T形线夹（配引流夹）	TY-240/30	套	3
6	钢芯铝绞线	JL/GIA-400/35	m	130
7	压缩型铝设备线夹	SY-400/35B	套	3
8	T形线夹（配引流夹）	TY-400/35	套	6
9	软导线固定金具	MDG-5	套	16
10	镀锌螺栓带螺母及垫片	M16×60	套	64
11	热镀锌槽钢	10# L=4400	根	8
12	热镀锌槽钢	10# L=350	根	8
13	接地引下线	φ16 热镀锌圆钢	m	100
14	铜-聚氯乙烯绝缘及护套铜带屏蔽阻燃控制电缆	ZRA-KVVP2/22-4×2.5	m	160
15	铜-聚氯乙烯绝缘及护套铜带屏蔽阻燃控制电缆	ZRA-KVVP2/22-4×4	m	320
16	铜-聚氯乙烯绝缘及护套铜带屏蔽阻燃控制电缆	ZRA-KVVP2/22-7×2.5	m	230
17	铜-聚氯乙烯绝缘及护套铜带屏蔽阻燃控制电缆	ZRA-KVVP2/22-14×2.5	m	230
18	铜芯聚氯乙烯绝缘及护套钢带铠装耐火电力电缆	ZRA-VV22-4×6	m	85
19	铜芯聚氯乙烯绝缘及护套钢带铠装耐火电力电缆	ZRA-VV22-4×4	m	150
20	防火板	12mm	m	50
21	有机堵料	<2g/cm	kg	20
22	防火涂料		kg	20
23	铝合金槽盒	300×150	m	45
24	热镀锌角钢	L50×5	m	20
25	安装铁件		kg	100
26	修建 20m 道路		项	1
27	GIS 设备基础		项	1

序号	产品名称	产品规格	单位	数量
28	临时可移动式放尘棚		项	1
29	防尘布（彩条布）		m²	42
30	支柱绝缘子基础		基	16
31	钢管杆	高3m支柱绝缘子支柱	根	16
32	钢板	3000mm×2000mm GIS车支撑用	块	4
线路部分				
33	C形线夹	CT－400－300	个	16
34	支撑绝缘子（含加工件）	FS110/0.25－NZ－A	套	24
35	导线	JL/G1A－400/35	m	150

图 3－30 110kV 高压开关车接入 110kV 户外 GIS 现场外观

3.1.4 在野外变电站运用

当遭遇到了突发和不可预测的事件（如洪水、水灾、地震等自然灾害）、突发设备事故等紧急情况下，移动变电站在野外可以迅速代替常规变电站，恢复电力供应。在负荷高峰期投入使用，可缓解某一地区供电容量不足，高峰期/紧急期过去后即可转移，不必长期占用土地资源。移动变电站整站应用系统图如图 3－33 所示。

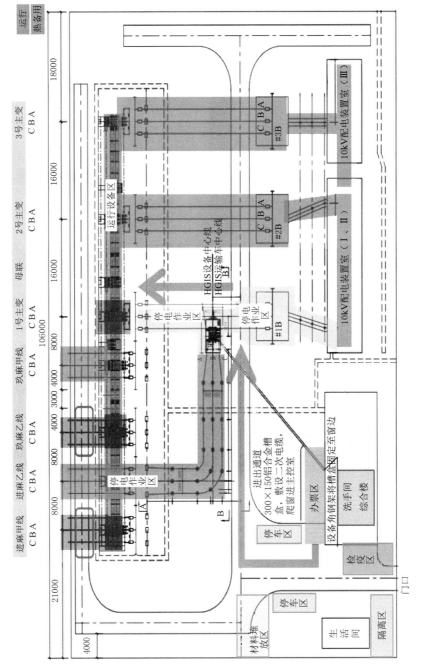

图 3 - 31　110kV 高压开关车接入 110kV 户外 GIS 布置图（单位：mm）

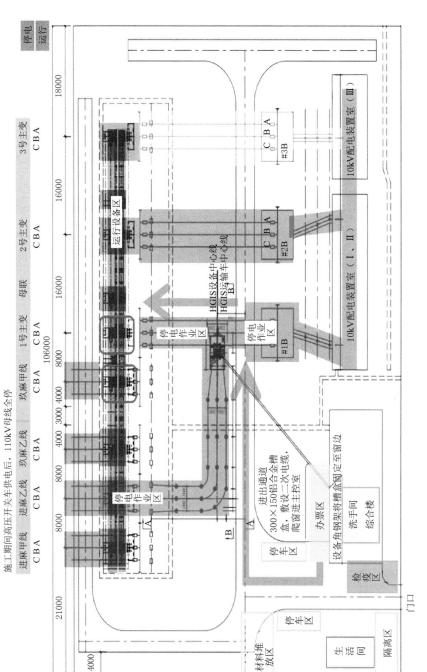

图 3-32 110kV 高压开关车接入 110kV 户外 GIS 示意图（单位：mm）

59

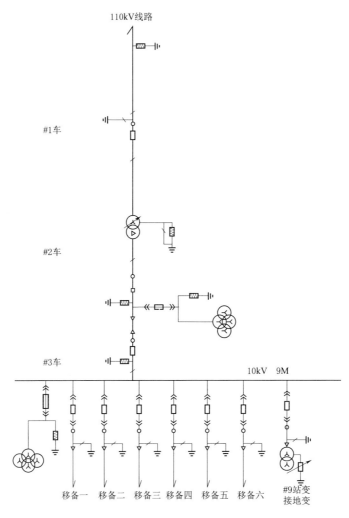

图 3 - 33　移动变电站整站应用系统图

移动变电站整站应用配件材料表见表 3 - 11。

表 3 - 11　　　　　移动变电站整站应用配件材料表

序号	产品名称	产品规格	单位	数量
1	110kV 支柱绝缘子	ZSW - 110 - 12	支	9
2	压缩型铝设备线夹	SY - 400/50A	只	6
3	压缩型铝设备线夹	SY - 400/50B	只	3
4	压缩型铜铝设备线夹	SYG - 400/50BQ	只	3
5	T 形线夹	TY - 400/50	只	3

序号	产品名称	产品规格	单位	数量
6	钢芯铝绞线	JL/LB1A－400/50	m	150
7	软导线固定金具	MDG－4	套	9
8	交联电缆（阻燃）	ZR－YJV62－8.7/15－1×400mm²	m	480
9	户外冷缩终端头	10kV 三相配 ZR－YJV62－8.7/15 1×400mm² 电缆用	套	6
10	户内冷缩终端头	10kV 三相配 ZR－YJV62－8.7/15 1×400mm² 电缆用	套	6
11	绝缘软铜线	RV－120	m	200
12	接地下引线	－50×5 热镀锌扁钢	m	50
13	有机堵料	＜2g/cm	kg	100
14	无机堵料		kg	20
15	安装铁件		kg	100
16	修建 20m 道路		项	1
17	场地平整		项	1
18	支柱绝缘子基础		基	9
19	钢管杆	高 3m 支柱绝缘子支柱	根	9
20	钢板	3000mm×2000mm GIS 车支撑用	块	4
21	有机堵料	＜2g/cm	kg	100
22	无机堵料		kg	20
23	1kV 动力电缆	ZRB－YJV22－1－3×70mm²＋1×35mm²	m	100
野外运行接地材料				
24	热镀锌圆钢	φ20 热镀锌圆钢	m	350
25	热镀锌角钢	∠50×50×5　L＝2.5m	根	22
26	接地铜缆	BVR－450/750－1×120mm²	m	100
27	ALG 防腐离子接地体	FF－10C	套	14

110kV 移动变电站独立运行时，车上所配置的保护装置能实现当移动变电站设备出现故障时准确可靠快速的切除和隔离故障，保证移动变电站的安全可靠运行。

3.2 移动变电站的现场安装调试

为了保证正确的安装程序和安装质量，应由经过特殊培训的专业人员进行移动变电站的现场安装。安装现场当年的一般要求是地面应平整，如不平则需要处理。

移动变电站抵达现场就位后，需完成以下安装项目：

1. 地网及防雷装置安装（野外使用）

野外使用时需安装地网及防雷装置，安装完成后需测试接地电阻。

2. 主变压器车与 GIS 车之间钢芯铝绞线安装

三相钢芯铝绞线每根 9m，放置在 GIS 下方。

安装两车之间主变压器 110kV 进线侧和 GIS 出线侧之间的钢芯铝绞线。110kV 变电站现场接线图如图 3 - 34 所示。

图 3 - 34　110kV 变电站现场接线图

3. GIS 充气

安装时需对 GIS 进行充气。充气时速度不应过快，补气时应站在上风口，佩戴防毒面具，气体压力应参照温度曲线表。

4. 接地线安装

主变压器、GIS 及低压开关车两侧均有接地铜排，需安装 2 根截面积为 12mm² 的接地线，安装牢固并可靠接地。铜排位置在车身旁侧，接地线安装如图 3 - 35 所示。

图 3 - 35 接地线安装

5. 110kV 进线接入

110kV 进线可采用电缆或钢芯铝绞线接入，注意不要使绝缘子承受过大应力。

如果进线形式为电缆进线则需要使用电缆终端来连接，使用电缆终端连接时需要注意以下事项：

（1）将电缆固定在电缆终端支架内，调整完毕后，用电缆夹具固定到安装支架上。确保终端底部离尾管 2m 内牢靠地固定，且电缆固定点到终端底部尾管间电缆不得有弯曲。

（2）电缆终端安装电缆引下时电缆弯曲半径不宜小于 20 倍电缆外径。

（3）检查电缆长度，确保电缆在制作终端时有足够的长度和适当的余量。根据工艺图纸要求确定电缆的最终切割位置后切断。

（4）根据工艺图纸要求确定电缆外护层剥除位置，将剥除位置以上部分的电缆外护层剥除。如果电缆外护层附有涂敷石墨或挤包半导电层，则应将石墨或半导电层去除干净，无残余，去除长度应符合工艺要求，并用2500V绝缘摇表测量绝缘电阻，应不小于50MΩ。

（5）根据工艺图纸要求确定金属套剥除位置，剥除金属套应符合下列要求：

1）金属套切口深度必须严格控制，严禁损坏电缆绝缘屏蔽。

2）断口应进行处理去除尖口及残余金属碎屑。

3）割后的金属套应扩张成喇叭口状。

（6）金属套表面处理完毕后，应在工艺要求的部位搪底铅。封铅应控制好温度与时间，不应伤及电缆绝缘。

（7）在最终切割标记处沿电缆轴线垂直切断，要求导体切割断面平直。如果电缆截面较大，可先去除一定厚度的电缆绝缘，直至适当位置后再沿电缆轴线垂直切断。

（8）用钢丝刷或砂纸打磨铝套表面，用铝焊条打底，用镀锡孔线把若干根镀锡铜编织带扎在金属套上，最后用焊条焊接；对于全预制干式终端，可选择用焊条将接地瓦焊接在金属套上。焊接后，接触面与金属套端口缠绕PVC带加以保护，焊接时应控制好温度，避免损伤电缆外屏蔽及绝缘。

6. 主变压器车与低压开关车之间总路电缆安装

电缆安装前应通过直流耐压力和绝缘电阻试验检查电缆是否受潮，电缆终端应保持足够的相间和对地距离，弯曲半径应满足要求。安装完毕后应做好封堵。

7. 10kV 车线电缆安装

电缆安装前应通过直流耐压力和绝缘电阻试验检查电缆是否受潮，电缆终端应保持足够的相间和对地距离，弯曲半径应满足要求。安装完毕后应做好封堵。10kV出线电缆接头位置在中压柜底部。

8. 围栏安装

围栏应与主变压器车、110kV GIS 车和 10kV 低压开关车保持足够距离，围栏应采用硬质围栏。

9. 网线铺设及低压交流电源搭接、二次电缆连接

（1）连接主变压器车和低压开关车之间的网线。

（2）连接低压开关车到远动后台（移动变电站笔记本电脑）之间的网线。

（3）连接主变压器车和 GIS 车之间的二次线航空插头（航空插头上都有相对应的标识牌，根据标识牌一一对应插入航插底座）。

（4）搭接主变压器车、低压开关车临时交流电源。

（5）低压开关车带电后由所用变供电，拆除临时电源采用硬质防护板对通信及电源线进行保护。

10. 引线塔安装

（1）根据现场需要连接引线塔并固定。

（2）安装后在引线塔上安装支柱绝缘子及过渡金具。

11. 含绝缘填充剂终端的安装

（1）应力锥安装。

1）安装应力锥前应确保电缆已经固定牢靠，保证安装应力锥时电缆不会上下移动。

2）根据产品安装图纸的规定标记尺寸。

3）确保应力锥内表面无任何污染物，应力锥的内表面应均匀涂抹必要的润滑剂。

4）安装应力锥前应以正确的顺序把以后要装配的终端尾管、密封圈等部件套入电缆匀。

5）套装应力锥时应做好应力锥内表面防护措施。

6）用手工或专用工具套入应力锥，应力锥安装到位后应清除应力锥末端多余的润滑剂。

7）应做好相应的检查措施，确保电缆在应力锥安装过程中没有发生滑移。

（2）套管安装与充油。

1）套管安装前，应检查型号、尺寸、外观，清洁内外表面，去潮。终端绝缘套管与底座法兰应采用螺栓连接，螺栓力矩应依照制造厂规定。密封工艺应到位。

2）锥托、弹簧压紧装置应按供应商工艺要求安装。

3）对于充油终端，气温较低时，如有必要，应对油加热，待油温均匀并达到所需要温度时再充油，充油至规定油位。

4）安装屏蔽罩并确保屏蔽罩密封圈到位。

12. 干式终端安装

（1）安装瓷套型干式终端、复合套型干式终端前应确保电缆已固定。

（2）确保电缆绝缘及干式终端内表面无任何污染、划痕、凹坑，且均匀涂抹了润滑剂。

（3）全预制式终端套装到定位标记后应转动终端，消除终端套入时产生的拉伸、压缩和扭曲应力。

13. 连接出线杆

（1）压接前，终端敞开部位应用塑料薄膜包扎好，防止异物进入终端内部。

（2）应将导体内分隔层彻底清理干净，必要时可用金属刷子清理。

（3）将出线杆套入电缆线芯，并在电缆线芯上做记号，以便压接时确定导电棒是否套入到位。

（4）用电缆导体对应规格压模压接导电棒。

（5）用锉刀或砂皮处理压接表面，去掉毛刺，可用锉刀倒去线芯锐角。

（6）用清洗剂清洗出线杆，不得留下金属碎屑。

14. 密封、接地与收尾工作

（1）户外终端尾管与金属套进行接地连接时可采用封铅方式或接地线焊接方式。

（2）户外终端密封可采用封铅方式或环氧混合物/玻璃丝带等方式。

（3）采用封铅方式进行接地或密封时，应满足以下技术要求：

1）封铅应与电缆金属套和电缆附件的金属套管紧密连接，封铅致密性应良好，不应有杂质和气泡，且厚度不应小于12mm。

2）封铅时不应损伤电缆绝缘，应掌握好加热温度，封铅操作时间应尽量缩短。

3）圆周方向的封铅厚度应均匀，外形应光滑对称。

（4）户外终端尾管与金属套采用焊接方式进行接地连接时，跨接接地线截面应满足设计要求。

（5）采用环氧混合物/玻璃丝带方式密封时，应满足工艺要求。

（6）安装终端接地箱/接地线时，接地线与接地端子的连接应采用机械压接方式，接地线端子与终端尾管接地铜排或接地瓦的连接宜采用螺栓连接方式。

（7）同一变电站内、同一终端塔上的同类终端其接地线布置应统一，接地线排列应固定，终端尾管接地铜排或接地瓦的方向应统一，且为今后运行维护工作提供便利。

（8）采用带有绝缘层的接地线将终端尾管通过终端接地箱与电缆终端接地网相连，接地线的走向应符合设计要求，且整齐、美观。

（9）终端引上电缆如需穿越楼板，应做好电缆孔洞的防火封堵措施。一般在安装完防火隔板后，可采用填充防火包、浇筑无机防火堵料或包裹有机防火堵料等方式。终端金属尾管宜有绝缘措施，且接地线鼻子不应被包覆在上述防火封堵材料中。

（10）终端接地连接线应尽量短，连接线截面应满足系统单相接地电流通过时的热稳定要求，连接线的绝缘水平不得小于电缆外护层的绝缘水平。

15. 电缆加热校直处理

（1）交联聚乙烯绝缘电缆终端安装前应进行加热校直，典型的带屏蔽网或波纹金属套的电缆都应在割除外护套和金属套之后进行加热校直。带有铅套和/或金属带的电缆可在剥除金属套之前加热校直，此类电缆如带有薄层外护套，可在剥除外护套前加热校直。加热时，应用软衬垫将电缆和加热带之间垫实。

（2）通过加热校直后应达到下列工艺要求：每 600mm 长，弯曲偏移不大于 2mm。

（3）加热校直的温度（绝缘屏蔽处）宜控制在 75℃±2℃，加热至以上温度后，保持 4～6h，然后将电缆置于两笔直角钢（或木板）之间并适当夹紧，自然冷却至环境温度，冷却时间至少 8h。

（4）整个电缆加热校直处理过程中电缆绝缘屏蔽上不应有任何凹痕。

16. 绝缘处理

（1）应按照供应商提供的装配图确定绝缘、绝缘屏蔽等安装尺寸。

（2）可用专用切削工具或玻璃去除电缆绝缘屏蔽，不得在电缆主绝缘上留下刻痕或凹坑。

（3）绝缘屏蔽与绝缘层间应形成光滑过渡，绝缘屏蔽断口峰谷差宜按照工艺要求执行，如未注明建议应控制在不大于 5mm。

（4）电缆绝缘表面应进行打磨抛光处理，先用粗砂纸，后用细/纸打磨，直到打磨掉电缆主绝缘上所有的不平缺陷或凹痕，最后用细砂纸抛光电缆主绝缘表面。110kV 以下应采用 240～600 号及以上砂纸，110kV 及以上电缆应尽可能使用 600 号及以上砂纸，最低不应低于 400 号砂纸。初始打磨时可使用打磨机或 240 号砂纸进行粗抛，并按照由小至大的顺序选择砂纸进行打磨。打磨时每一号砂纸应从两个方向打磨 10 遍以上，直到上一号砂纸的痕迹消失。打磨电缆半导电层的砂纸不得用于打磨电缆绝缘。

（5）打磨抛光处理的重点部位是安装应力锥的部位，用砂纸打磨时应绝对避免半导电颗粒嵌入电缆主绝缘内，可以用 PVC 带在绝缘与绝缘屏蔽的过渡区半重叠绕包的方法防护。打磨处理完毕后应测量电缆绝缘外径。测量时应多选择几个测量点，每个测量点宜在垂直两个方向测两次，确保绝缘外径达到工艺图纸所规定的尺寸范围，测量完毕应再次打磨抛光测量点去除痕迹。

（6）必要时或供应商工艺规定时，可以用热气枪处理已经砂纸打磨的电缆绝缘层以获得更光滑的表面。

（7）绝缘处理完毕，应及时用工艺规定的清洗剂清洁电缆，并用洁净的塑料薄膜覆盖绝缘表面，防止灰尘和其他污染物黏附。

3.3 一次电缆接线

10kV 三芯电缆通过冷缩电缆中间头与 10kV 单芯电缆连接，作为移动变电站与应用站电源的连接导体。10kV 三芯电缆与 10kV 单芯电缆连接需要以下材料及试验：

（1）10kV 冷缩电缆中间头。

（2）防爆盒。

（3）振荡波试验。

主变压器 10kV 侧套管接线如图 3-36 所示，主变压器低压侧 10kV 开

图 3-36　主变压器 10kV 侧套管接线

关柜电缆接线如图 3 - 37 所示，10kV 低压侧母线桥电缆接线如图 3 - 38
所示。

图 3 - 37　主变压器低压侧 10kV 开关柜电缆接线

图 3 - 38　10kV 变压器低压侧母线桥电缆接线

3.4 调试和试验

3.4.1 高压试验

变压器组装后并网前需开展以下高压试验并验收合格：

(1) 测量绕组的绝缘电阻、吸收比和极化指数。

(2) 测量绕组连同套管、套管本体的介质损耗及电容量。

(3) 测量铁芯、夹件引出线对地绝缘电阻。

(4) 测量绕组连同套管直流电阻及分接头的电压比。

(5) 有载调压开关动作顺序试验和波形试验。

(6) 套管 TA 极性、绝缘电阻及变比试验。

(7) 变压器交流耐压试验。

注意：由于植物油和矿物油化学分子差异，变压器相关试验参数也会有所不同，比如绝缘电阻、吸收比、极化指数、介质损耗因数等目前国内外没有标准，后续运行期间（1）～（3）的试验数据应与初次投运数据进行对比。

3.4.2 油化试验

变压器组装后并网前应开展以下油化试验并验收合格：

(1) 变压器油外观试验。

(2) 变压器油击穿耐压试验。

(3) 变压器油介损试验。

(4) 变压器油水含量试验。

(5) 变压器油酸值试验。

(6) 变压器油运动黏度试验。

(7) 变压器油闪点试验。

(8) 变压器油色谱试验。

油化实验数据可参考针对纯天然酯绝缘变压器的注油后投运前指标。

3.4.3　GIS设备并网前试验

1. 主回路的导电电阻测量

（1）用直流压降法测量，电流不小于100A。

（2）回路电阻测量值不大于制造厂规定值的120%。

2. 密封性试验

对GIS设备各法兰面及充气接头处进行局部包扎，静置24h后，用SF₆气体检漏仪进行检漏，无发出报警指示或显示SF₆气体含量为0时表示密封性良好。

3. 测量SF₆气体的湿度

（1）有电弧分解的隔室，应小于$150\mu L/L$。

（2）无电弧分解的隔室，应小于$250\mu L/L$。

（3）SF₆气体含水量的测定应在GIS充气48h后进行。

4. 断路器的机械特性试验（数据应符合厂家标准）

（1）分合闸时间、速度、弹跳。

（2）分合闸线圈电阻。

（3）分合闸最低动作电压。

5. GIS的操动试验

（1）断路器及隔离开关应通过远方控制方式试分合操作2～3次，分合应正常。

（2）GIS设备操动时，联锁与闭锁装置动作应准确可靠。

6. 主回路的交流耐压试验

（1）交流耐压试验应在其他现场交接试验项目完成后进行。

（2）GIS应安装完好，充气到额定密度，并进行密封性试验和气体湿度测量合格后，才能进行耐压试验。

（3）耐压试验前后，应对 GIS 测量绝缘电阻。

（4）耐压试验前，GIS 所有电流互感器的二次绕组应短路并接地。

（5）只进行主回路相对地耐压试验；只在对断口绝缘有怀疑时才进行断口间耐压试验；耐压值相同，为出厂试验电压的 80%。

3.4.4 开关柜并网前试验

（1）主回路绝缘耐压试验。

（2）辅助回路和控制回路绝缘试验。

（3）断路器、隔离开关回路电阻测量、电流互感器和电压互感器直流电阻测量。

（4）断路器机械特性和断路器、隔离开关、接地开关的机械操作试验。断路器应通过远方控制方式进行试分合操作 2～3 次，分合正常；隔离开关及接地开关应通过手动方式进行试分合操作 2～3 次，分合正常。

（5）电流互感器、电压互感器、避雷器特性参数试验。

（6）电气表计、继电器等电器元件性能试验。

（7）辅助回路和控制回路接线正确性试验。

（8）"五防"装置联锁试验。

3.4.5 站变接地变及小电阻柜并网前试验

1. 站变接地变

（1）绕组直流电阻。

（2）绕组、铁芯绝缘电阻。

（3）交流耐压试验。

（4）阻抗测量。

（5）噪声测试。

2. 小电阻柜

（1）接地电阻器检查测试。

（2）电阻值测量。

在非应急情况下按照《电气装置安装工程　电气设备交接试验标准》（GB 50150）进行检测试验。在应急抢险情况下，按表 3-12 所示项目进行检测试验。

表 3-12　　　　　　　　移动变电站应用前的试验要求

试验项目	要　　求
变压器油简化试验	1）击穿电压≥45kV 2）水分≤150mg/L
GIS 气体湿度检测	1）有电弧分解物隔室≤300μL/L 2）无电弧分解物隔室≤500μL/L
电缆交流耐压	2 倍设计电压，5min 无放电
10kV 开关柜绝缘试验	能够承受 1.5 倍线电压，设备无异常现象
断路器操作试验	对系统中的高、低压断路器分别进行手动和电动操作 3 次以上
全回路电阻试验	与初值相比无明显差异
移动变电站内照明试验	无异常
移动变电站内的温控设备	无异常
保护装置调试	无异常

1）击穿电压达不到规定要求时应进行处理或更换新油。测量方法参考《绝缘油　击穿电压测定法》（GB/T 507），水分测量时应注意油温，并尽量在顶层油温高于 60℃时取样。

2）低压开关车和主变压器车的 10kV 开关柜应进行 1.5 倍交流线电压验证试验，耐压前后应测试设备绝缘电阻。

3）断路器操作试验。对系统中的高压、低压侧断路器分别进行手动和电动操作 3 次以上，以确保不会因运输问题导致接线的松动而接触不良。

4）合上所有的断路器和隔离开关（接地开关除外），对 10kV 和 110kV 回路进行回路电阻试验，以确保不会因运输问题导致接线的松动而接触不良。

5）移动变电站照明试验。对箱式变压器各室内照明设施分别进行试验，并验证断路器对照明灯的控制作用。

6）移动变电站内温控设备。将空调控制器的上限温度调低，然后使环境温度高于设定值，检查空调控制是否能够正常启动空调；温度控制器下限温度调高，然后使环境温度低于设定值，检查空调控制器是否能够正常启动空调。

7）保护装置试验。利用保护装置进行遥控、遥信、遥测试验等。所有操作都在断路器下门关闭时进行。

3.5 运行准备事项

1. 准备工作

在接通高压电源之前，应完成下列工作：

（1）核对移动变电站铭牌技术数据与运行电力线路要求的技术数据的一致性。

（2）确保原件如断路器、隔离开关分合闸位置正常；母线绝缘子、避雷器、主变压器套管等设备的绝缘表层无损坏，无异物附着。

（3）确保移动变电站与接地网的连接可靠。

（4）确保变压器的外观正常。油位正常，呼吸器硅胶颜色正常，无渗漏油，送电前主变主体和有载分接开关的气体继电器无残存气体。

（5）移去断路器柜内所有剩余材料、不相干的物体和工具。

（6）用清洁、干燥、不掉废丝的软布擦拭柜体和绝缘件以及柜门内侧的密封条等擦去黏附的灰尘和油脂。

（7）重新安装好在安装、接线和试验期间拆除的盖板。

（8）卸掉断路器及柱上的运输盖。

（9）确认各门板已锁紧。

（10）接通辅助控制电源。

（11）用手动或电动控制方式进行断路器装置的操作试验。

（12）在不用力的情况下，检查机械和电气连锁的有效性。

（13）对开关柜的保护装置进行整定，用测试设备检验其功能。

（14）主变压器车和 GIS 车之间的钢芯铝绞线连接完毕后，须确保其三相之间的安全距离以及对地的安全距离满足运行要求，并确认两车上 110kV 侧及 10kV 侧的所有连接螺丝已紧固。

（15）主变压器车和低压开关车之间的低压母线电缆连接安装完毕前，要确保 10kV 电缆的外包绝缘良好性。

（16）3 台车送电前要确保已可靠接地。

（17）确保运行准备情况和装置电气系统的断路器状态。

（18）提前投入加热器及空调，保证箱体内运行温度及无凝露。

（19）确认待投运设备双编牌、标识与一次、二次设备相符，与接线图一致。

（20）确认车载设备电缆进出口防火、防小动物封堵措施完好。

（21）确认后台监控机与"五防"管理机装置一致，无遗留异常信号，"五防"逻辑验收合格，编码锁正确，操作钥匙完好，锁具开合顺畅，解锁钥匙按要求定点存放，并设置封条。

（22）确认资料（台账、运行规程、一次二次图纸、交接试验报告、厂家资料）完整移交。

（23）确认操作工具（10kV 开关柜操作杆、服务车、主变压器有载调压开关摇把）完整移交。

（24）确认设备钥匙（包含 10kV 开关柜门、保护屏柜门、设备网门、围栏出入口、主变压器车、GIS 车和低压开关车车厢门）完整移交，标识清晰。

（25）确认二次设备已经执行定值，装置检查无异常信号。

（26）抄录避雷器、断路器动作次数，主变压器油位等设备底数。

（27）确认移动变电站周围布置足够的消防灭火装置，应满足消防应急工作需求。

（28）确认移动变电站周围布置足够照明设备，应满足夜间巡视及操作工作需求。

（29）设备充电前派专人在围栏出入口进行值守，防止无关人员进入设备区域。

2. 投运

（1）遵守所有相关安全规程。使柜内的断路器、隔离开关、接地开关全部处于断开位置，拆除危险工作区域的接地线和短接线。

（2）按正常程序给开关柜送电，观察信号和指示器是否正常。

（3）移动变电站带电后，需确保出线相序和供用户相序一致，如果采用两条及以上出线供单一用户，出线之间的用户端还需核相，确保出线间相位一致，同时还需确保与用户相序一致。

（4）在变压器空载运行 1h 内，注意观察温升和气体继电器的情况。检查有无异常、有无明显振动、有无漏油。如各项检测结果均显示良好，才能给变压器加负荷。

3.6　检修周期

移动变电站设备检修周期按照《电力设备检修试验规程》（Q/CSG 1206006）执行，A、B 修项目按固定周期开展，移动变电站设备检修不建议延期，一次设备检修周期要求见表 3-13。

表 3-13　　　　　　　　一次设备检修周期要求

序号	设备类型	检修类别	周期	说　明
1	电力变压器	B 修	6 年	无定期 A 修项目
2	GIS 本体	B 修	6 年	无定期 A 修项目
		A 修	必要时	—
3	GIS 机构	B 修	6 年	—
		A 修	12 年	—
4	高压开关柜	B 修	6 年	无定期 A 修项目
5	避雷器	B 修	6 年	无 A 修项目
6	电力电缆线路	B 修	6 年	无定期 A 修项目
7	蓄电池	B 修	前 4 年每 2 年 1 次；4 年以后每年 1 次核容	无定期 A 修项目

3.7　保管注意事项

（1）存放期间，每个月应对移动变电站进行巡视，发现相关缺陷应及时进行消缺，确保设备为正常可用状态。

（2）变压器日常保管应采用注油存放，所有附件（套管、散热器、油枕）应进行安装，并注油至合格曲线。

（3）存放期间，每 6 个月对本体及有载调压开关取油样进行检测，如有异常及时通知运维部门进行处理。

（4）移动变电站直流系统采取带电保存，站用交流系统接入站外 380V 电源，站用直流系统采用带电存储，由充电机对蓄电池组浮充电。

（5）移动变电站处于保管状态期间，3 车均需外接 380V 交流电源，并开启空调及各个操作机构、端子内防凝露加热器。

（6）各专业根据现场运行方式，组织修编现场应急处置方案，合理配置备品备件，以备应急抢修快速复电。

第4章 车辆和运载系统运维方案

车辆和运载系统运维方案用于规范 110kV 移动变电站的承载车辆存放、运输、保养管理工作，实现运维管理的标准化，保障车载移动变电站的安全稳定运行。

4.1 存放

承载车辆存放时应注意以下事项：

（1）半挂车日常保管应停靠在平整硬化的地面，存放时应采用液压支腿和机械支腿同时支撑，并关闭所有液压支腿上的阀门。

（2）存放期间，每个月应对半挂车进行一次专业巡视，发现相关缺陷应及时进行消缺，确保设备为正常可用状态。

（3）存放期间，每 3 个月对轮胎进行气压检查，每半年对液压油进行检查，如有异常及时通知运维部门进行处理。

4.2 车辆使用

4.2.1 液压系统使用

液压系统主要由柴油动力机组、接头、管路和阀门等组成。液压支腿油缸自带液压锁，以保证液压支腿安全工作。液压支腿系统配有柴油动力机组、控制器、倾角传感器、手动泵等部件。由于液压系统配有同步器，主变压器车与 GIS 车一定要在接上液压连接油管同时调整液压支腿，利用柴油动力机组上的操作把手控制液压支腿升降。

4.2.2　牵引连接步骤

牵引车鞍座与牵引销的连接步骤如下：

（1）调整支撑腿，使半挂车牵引滑板与牵引鞍座高度相适应，一般半挂车牵引滑板比牵引车牵引鞍座的上平面中心位置低 10～30mm，否则有时不仅不能连接，还会损坏牵引座、牵引销及有关零件。注意：主变压器平板拖车液压支腿支承时不准装载牵引车以免损坏支腿油缸，必须改用机械支腿支承，收起液压支腿后，方可装载牵引车。

（2）操纵牵引座锁止机构，使锁止块张开，成自由状态。

（3）缓缓后退牵引车，使半挂车牵引销经由牵引座 V 形口进入锁止机构的开口，然后牵引销推动锁止块转动，锁上牵引销。牵引车倒退时，牵引车与半挂车中心线力求保持一致，两车中心线偏移限于 40mm 以下。两中心线夹角满载时不大于 5°，空载时不大于 7°。

（4）检查牵引销座锁止块是否锁止牵引销，是否锁止牢靠。

（5）稍微前进牵引车，检查连接情况是否良好。

4.2.3　气路连接步骤

（1）将牵引车上的两个气管接头分别接在半挂车两个气管接头上。牵引车的供气管路与半挂车供气管路连接，牵引车控制管路与半挂车控制管路连接（接头红色为供气管路，黄色为控制管路）。

（2）气管接头相互连通后，拧开牵引车上的半挂车气路连接分离开关，使其处于通气状态，否则不能向半挂车制动系统供气，制动系统无法工作。

（3）启动发动机，观察驾驶室的气压表，把牵引车和半挂车储气筒内压力提高到规定压力（一般为 650～750kPa）。

（4）检查气路有无漏气，检查制动系统是否正常工作。

4.2.4　电路连接步骤

（1）将牵引车电缆连接插头插入半挂车前端的连接插座里。

（2）检查各电极是否接合良好，确认各车灯是否正常工作，必要时可更换电极的接线。

4.2.5 行驶过程

4.2.5.1 起步

（1）正确操纵支腿，使支腿底脚离开地面并升至极限位置然后锁紧支腿。

（2）检查轮胎气压是否为规定值。

（3）检查气制动系统气压是否在规定范围内，储气筒气压合格时方能起步。

（4）释放停车手制动。

4.2.5.2 行驶

经过上述操作后就可行驶，下坡时要严格遵守以下操作要点：

（1）下长坡或急坡时，要防止制动鼓过热，尽量使用牵引车发动机制动进行制动。

（2）不得长时间单独使用半挂车制动系统。

4.2.5.3 分离

（1）应选择平坦坚实地面停放半挂车和牵引车。

（2）检查半挂车制动是否完全制动。

（3）支腿下放厚钢板或枕木，操纵支撑装置使支腿着地后继续顶升，使平挂车牵引滑板抬起一定间隙，以便退牵引车。

（4）关闭牵引车上的半挂车气路连接分离开关，然后从半挂车上卸下牵引车的供气和控制路接头。

（5）从半挂车的电缆连接插座上拔下电缆插头。

（6）操作牵引座锁止机构，使锁止块张开。

（7）缓慢向前开出牵引车，使牵引销与牵引座脱离，从而分离半挂车和牵引车。

（8）长时间驻车时，应操纵停车手动制动阀，启用制动分泵的弹簧储能制动。

（9）分离后检查半挂车有无异常，松开储气筒下部放水阀排出筒内积水。

（10）待液压支撑腿自动平衡后关闭所有支腿上阀门。

4.2.5.4 安全注意事项

（1）可靠地扣紧转锁，运载集中载荷时，应确保货物可靠固定。

（2）转弯时应降低车速以防翻车。

（3）在铁道路口及不平路面应降低车速，以减少货物与挂车的冲击。

（4）不得超载使用。

4.3 保养

4.3.1 车辆检查保养要领

4.3.1.1 检查时的注意事项

（1）平时检查时除规定的情况外均以空车状态进行。

（2）当要抬起车轮时，应同时顶起车轴。千斤顶位置应在靠近钢板弹簧处。

（3）与千斤顶接触部位应垫上厚钢板或厚木板，以防局部受力过大而打滑。

4.3.1.2 检查全部管道

（1）连接半挂车制动气路系统和牵引车制动气路系统。

（2）将气压提高到规定压力，从牵引车驾驶室的压力表或在应急制动系统安装压力表检查气压力。

（3）踩下牵引车的制动踏板，检查压力下降是否超过每小时600kPa（发动机不运行），若超过应查明漏气原因，予以检修，当储气筒压力低于539kPa时，不得起步行驶。

（4）如果压力下降超过规定值时，在管路连接部位涂上肥皂水，检查是否漏气，若漏气应拧紧该部或更换零件。

（5）关闭牵引车应急系统的转换旋塞，然后拔掉半挂车应急制动气管，检查是否仍能制动，若不能自动制动，说明紧急继动阀有故障。

4.3.1.3　检查紧急继动阀

制动系统的各项检查如下：

（1）检查紧急继动阀各部有无漏气，对各部分涂抹肥皂水若在 3s 内无气泡或肥皂水泡直径小于 3mm，视为正常。

（2）检查释放制动器时是否有从排气口排出废气，若是则视为正常。

（3）如果动作不灵，应更换整个紧急继动阀。

4.3.1.4　检查制动气室

（1）检查制动器工作时，须检查制动气室推杆是否灵活移动，是否达到规定行程（规定行程为 30～35mm），如果行程超过规定行程则应进行调整。

（2）在制动状态下检查气室有无漏气，若有漏气拧紧接合部。

4.3.1.5　检查储气筒

（1）行车后一定要拧开储气筒底部放水，排出内部水。

（2）排水时会同时排出内部气体，如果排气过多会造成储气筒欠压，应重新充气使储气筒内内压力保持定值。

4.3.1.6　检查管道和接头

检查各管道、接头有无裂纹、破损，有则及时修理或更换。

4.3.1.7　调整制动调整臂及制动器

操作制动时，检查刹车调整臂工作状态，同时检查推杆行程，如果行程过大说明制动鼓与制动蹄片间隙过大，应及时调整。

4.3.1.8　调整连接螺栓螺母

（1）检查轮轴及轮胎有无损伤、弯曲和龟裂，必要时修理和更换，并拧紧和调整车轮螺母。

（2）用千斤顶顶起半挂车车轴，使轮胎离开地面。

（3）旋转车胎轮毂，用340N·m扭矩拧紧内侧螺母。

（4）旋转车轮轮毂，用手锤轻轻敲打轮毂（车轮轴承位置），检查是否顺利旋转，如阻力较大可再稍微放松内侧螺母，直至轮毂能自由旋转而无明显摆动。

（5）放入防松圈，然后用196N·m扭矩拧紧外侧螺母。

4.3.1.9 轮胎保养

（1）轮胎气压是否合适，极大地影响轮胎的寿命和安全性，所以包括备用胎在内均应保持规定胎压。

（2）根据载荷、路面及制动状态不同，轮胎的磨损也不同，为了使轮胎磨损趋于一致，应定期交换轮胎安装位置（每行驶5000km）。

（3）每天都要检查车轮螺母的松紧情况，如有需要应予以拧紧（车轮螺母的拧紧扭矩为392N·m）。每天都应检查钢板弹簧是否有断裂，左右弹簧的挠度是否相同，必要时更换。

（4）新车或更换弹簧后，要在首次行车后检查拧紧U型螺栓上螺母，其后每月或每行驶5000km检查一次，有松动现象时要检查连杆上各螺栓，如有松动应拧紧。

4.3.1.10 牵引销及牵引销板

（1）每天检查牵引销有无伤痕，过早磨损、裂纹等缺陷。

（2）测量引销直径，若直径小于极限尺寸87mm，或有裂纹、异常损伤时应更换。

（3）检查牵引销板有无伤痕、歪曲及异物，必要时修理。

4.3.2 润滑

为了安全行车和延长挂车使用寿命，必须定期地向各润滑点补充润滑油脂，注油脂时必须注意以下事项：

（1）清洁加油器具。

（2）注油嘴及其周围要事前擦干净。

（3）注油嘴眼不能注入润滑脂时，应更换或修复。

使用润滑油脂表标号见表 4-1。

表 4-1　　　　　　　　　　　使用润滑油脂表标号

标　号	品　名	规　格
GZ	钙基润滑脂	ZG-4
QLZ	汽车通用锥基润滑脂	GB 5671—85
SGZ	4 号高温润滑脂	ZN6-4

图 4-1 所示是挂车各装置润滑油脂补充图，表示加油位置及加油时间。

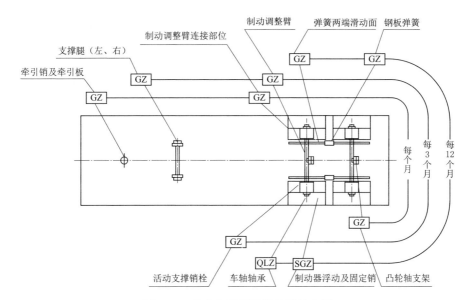

图 4-1　挂车各装置润滑油脂补充图

第5章　一次及二次设备运维方案

　　一次设备主要指直接生产、转换、分配电能的设备，如变压器、断路器、隔离开关等；二次设备主要指用于对一次设备进行调节、控制、监测、保护等的设备，如保护、测控、录波装置等。为规范110kV移动变电站的一、二次设备存放、运输、并网、检修管理工作，实现运维管理的标准化，保障车载移动变电站的安全稳定运行，制定一次设备运维方案。

5.1　变压器维护说明

5.1.1　存放

　　（1）主变压器存放地点应满足以下要求：

　　1）存放地点地面基础良好，无塌陷、变形等问题，防止因车辆倾斜导致设备掉落损坏。

　　2）周围交通状况良好，出入方便，便于主变压器车辆运输。

　　3）环境良好，无污染，利于主变压器保存，延长使用寿命。

　　（2）变压器日常保管应采用注油存放，所有附件（套管、散热器、油枕）应进行安装，并注油至合格曲线。

5.1.2　运输与验收

　　（1）主变压器运输前必须将高压侧三相套管、中性点套管、散热器及本体油枕拆除，拆除时用专用封板对本体相关法兰面进行密封。变压器主体运输应采用带油运输方式。

（2）采用带油运输方式时，变压器油箱内注入合格变压器油，油面高度应保证铁芯全部浸在油中，不得有渗漏油现象。

（3）变压器在发运前除能与变压器主体连在一起运输的组、部件外，高压侧三相套管及中性点套管应放置于套管二次运输专用包装箱密封，散热器及本体油枕应拆除并用专用封板密封进行运输，运输套管时，要特别注意套管的包装箱不能承受过大冲击力。

（4）组部件装运过程中不允许滚动或溜放。

（5）变压器在整个运输过程中，倾斜角度不得大于 15°，变压器在整个运输前应检查三维冲撞记录仪是否正常工作，确保变压器承受水平冲击加速度小于 $3g$，垂直冲击加速度小于 $1.5g$。

（6）变压器到达应用场地后，进行下列一般性检查：

1）应检查变压器是否有渗漏油现象，主体与运输车之间是否有位移，运输时固定用的钢丝绳是否有拉断现象，是否有明显撞击损伤和其他损伤。

2）检查三维冲撞记录仪记录是否完整，并打印保存相关记录。

3）对套管、散热器、油枕进行外观检查是否有损坏。

4）对上述检查过程中发现的损坏部件及其他不正常现象作出详细记录，同时进行现场拍照，并将照片、缺损件清单、检查记录副本及三维冲撞仪记录副本尽快提供给使用部门，以便及时查找原因、明确责任、研究处理。

5.1.3　主变压器并网前检查

设备运输至并网地点后应按要求对变压器高压侧三相套管、中性点套管、散热器及本体油枕进行复装。

1. 回装变压器附件

（1）用吊绳依次吊装散热器注意着落点，防止碰伤其他附件。检查与套管等各部位的空气距离。

（2）按工艺要求将套管绑扎好，注意安装角度、安装尺寸，同时观察引线稍尖长度是否进入套管均压球，并检查均压球所处位置是否符合要求，防止放电。

2. 主变压器并网前检查

主变压器并网前检查主要检查外观状态、零件紧固、有载调压开关、阀门状态等。

（1）检查主变压器整体外观，包括是否有渗漏油痕迹、油漆是否完好、有无磕碰及锈蚀损伤、套管是否有损伤等。

（2）检查各螺丝紧固无松动。

（3）检查有载调压开关机构箱内部零件应安装牢固、无锈蚀，二次接线无松动，传动部位无移位变形等问题。

（4）检查有载调压开关本体和机构箱档位是否一致。

（5）检查各阀门的开闭位置是否正确。

3. 抽真空注油、补油

（1）变压器油应按 DL/T 1811 试验合格后，方可注入变压器中。不同牌号变压器油或同牌号新油与运行过的油混合使用前，必须做混油试验。注油前根据阀门作用，检查阀门开闭是否正确。

（2）抽真空前拆掉储油柜与气体继电器之间的连接管，将抽真空系统连接在气体继电器前排油阀上。启动真空泵，对油箱进行抽真空（有载和本体整体抽真空），当真空度达到 133Pa，在此状态下连续对抽真空 8h（真空机组应设专人负责并注意观察油箱变形）。

（3）将注油管路连接在油箱底部注放油阀门处，在真空状态下通过真空滤油机加热向本体注入 FR3 天然酯绝缘油，注油速度应小于 4t/h。真空注油至距离油箱顶部 200mm 处停止注油。

（4）打开储油柜与隔膜袋联管处的铜阀。将热油循环管路连接到主变压器本体热油循环阀门处，确认管路连接正常后进行 24h 热油循环。热油循环时将油温逐步提高至 60～80℃。

（5）热油循环结束后，拆卸热油循环管路，将滤油机滤油管路连接到储油柜注油管上，拆开吸湿器开始补油。补油过程中观察注油情况，补油结束后对主变压器进行放气，最后调整油位线。变压器静止时间 24h 并打开升高座、套管、散热器等部件上的放气塞定时进行放气。

4. 静放及整体密封试验

密封试验时拆主变压器本体呼吸器及有载调压开关呼吸器，在卸下法兰处放上密封件，装上特殊接头、阀及压力表，紧固螺丝，通过呼吸器连管，开动氮气气瓶，放出少量氮气，确认没有水和锈迹出来。安装阀的管接头上插入橡胶软管并固定紧固。慢慢打开氮气气瓶的阀，加压至0.01MPa，从气体继电器及油配管等的排气栓进行排气，最终压力调至0.03MPa。当压力达到0.03MPa时要记录加压时间。加压后经过24h检查有否漏油，检查重点为安装密封件紧固部分，用目视及手摸检查。密封试验完成后慢慢打开阀门，降低压力。卸下干燥空气软管、特殊接头、压力表、阀，装上呼吸器。静置完毕后，从变压器、电抗器的套管、升高座、冷却装置、气体继电器及压力释放装置等有关部位进行多次放气，并启动潜油泵，直至残余气体排尽，调整油位至相应环境温度时的位置。注油完成至交接试验前静放48h（含密封试验部分）。

5.1.4 检修维护

1. 存储期间维护

现场存放期间，每个月应对主变压器设备进行一次专业巡视，发现相关缺陷应及时进行消缺，确保设备为正常可用状态。

（1）主变压器设备外观应正常无渗油、发现渗漏油时应及时进行处理。

（2）有载调压开关机构箱内部应无潮气及锈蚀现象，对于锈蚀部分应及时处理，并立即解决密封不严问题。

（3）主变压器呼吸器硅胶无异常，油位正常。

（4）本体及有载油位指示正常，指示清晰，无假油位问题。

（5）检查套管外部是否存在破裂损坏现象，对于异常套管及时申请更换。

2. 运行期间维护

运行期间，投运后运行 3 个月内每 15 天应开展对主变压器设备一次专业巡视，运行 3 个月后，每 6 个月开展对主变压器设备一次专业巡视，对发现缺陷进行评估，对设备运行有影响的应申请停电进行及时处理，对设备运行不影响的应将该缺陷进行记录，待使用结束后进行处理。运行维护期间作业内容及标准见表 5‐1。

表 5‐1　　　　　　　　　　运行维护期间作业内容及标准

序号	作业内容	作 业 标 准
1	变压器冷却系统检查	（1）根据变压器负荷电流大小，检查油温、线圈温度是否正常。 （2）冷却器散热管束无明显脏污、堵塞。 （3）对冷却器上部进油管与下部回油管开展红外测温，分析上下油管温差与由冷却器脏污引起效能下降的关系。 （4）用手触摸运行的冷却器散热管束，应明显感觉有风，并与其他冷却器对比无明显异常。可综合温升对比检查和红外测温项目进行判断冷却器脏污情况
2	变压器铁芯、夹件接地检查	检查变压器铁芯、夹件接地下引线接地是否良好，用钳表测量铁芯、夹件接地下引线接地电流，并在记录表单中记录数值
3	变压器附件检查	（1）有载调压开关的分接位置及电源指示应正常，操作机构中机械指示器与控制室内有载调压开关位置指示应一致，三相连动的应确保有载调压开关位置指示一致。 （2）气体继电器及其集气盒应无气泡，气体继电器油镜挡板已拆除，防雨罩安装牢固。 （3）压力释放阀、安全气道及防爆膜应完好无损，压力释放阀的指示杆未突出，无喷油痕迹。 （4）各种标志应齐全明显。 （5）套管末屏无异常，接地连片无断裂，无渗油、无放电痕迹。 （6）充油套管的油位正常，油位标示明显、清晰。 （7）现场温度计指示的温度、控制室温度指示装置、监控系统的温度基本保持一致，误差一般不超过 5℃

3. 周期性检查维护

　　每 6 年为一周期对主变压器进行 B 修工作（主变压器并网使用前检查工作也是 B 修工作，B 修周期重新计算），每 15 年为一周期对主变压器进行有载调压开关 A 修及胶囊更换工作，必要时开展主变压器本体 A 修工作。主变压器 B 修类别作业内容及标准见表 5‐2，主变压器有载调压开关 A 修类别作业内容及标准见表 5‐3。

表 5－2　　　　　　　　主变压器 B 修类别作业内容及标准

序号	作业内容	作 业 标 准
1	密封及油位检查	（1）套管本体及与箱体连接密封应良好、无渗漏。 （2）目视检查油色是否正常、油位是否正常，若有异常应查明原因
2	油箱清洁、螺栓紧固	（1）清洁无油污。 （2）无大面积脱漆。 （3）必要时按厂家规定力矩进行紧固检查油箱钟罩螺栓。 （4）必要时，打磨处理上、下钟罩连接片接触面，按厂家规定力矩紧固螺栓，复装后应保证接触良好
3	油枕外观检查、清洁	（1）清洁无油污。 （2）无大面积脱漆
4	油位计检修	（1）核对油位指示是否在标准范围内，是否与温度校正曲线相符。 （2）观察油位指示是随油温变化同步动作，否则应查明原因。 （3）必要时，用连通管对实际油位进行复核，应与油位指示一致，否则应查明原因。 （4）用 500V 或 1000V 绝缘电阻表测量油位计绝缘电阻，绝缘电阻应在 1MΩ 以上或符合厂家要求
5	金属波纹式储油柜检修	（1）目视观察金属波纹节，应无渗油、锈蚀现象。 （2）清理滑槽，滚轮转动应灵活无卡涩。 （3）观察油位指示是否随油温变化同步动作（观察方法：观察记录变压器检修停电前油温和油位指示，停电油温明显下降后观察记录油温和油位指示，前后油温变化和油位指示变化应同步动作）。 （4）油位报警微动开关外观完好，正常动作
6	瓷套检查	（1）清扫瓷套，检查瓷套完好，无裂纹、无破损。 （2）增爬裙（如有）黏着牢固，无龟裂老化现象，否则应更换增爬裙。 （3）检查防污涂层（如有）有无龟裂老化、起壳现象，否则应重新喷涂
7	复合绝缘外套检查	（1）清扫复合套管，检查有无积污，套管是否完整，有无龟裂老化迹象。 （2）必要时做修复处理
8	末屏检查	（1）套管末屏无渗漏油，可靠接地，密封良好，无受潮、浸水、放电、过热痕迹。 （2）必要时更换末屏封盖的密封胶圈
9	TA 二次接线盒检查	（1）二次接线盒盖板封闭严密，内部无受潮渗水。 （2）二次接线端子牢固无渗漏油
10	导电连接部位检修	（1）检查接线端子连接部位、金具是否完好、无变形、锈蚀，若有过热变色等异常应拆开连接部位检查处理接触面，并按标准力矩紧固螺栓。 （2）必要时检查套管将军帽内部接头是否连接可靠，有无过热现象。 （3）引线长度应适中，套管接线柱不应承受额外应力。 （4）引流线无扭结、松股、断股或其他明显的损伤或严重腐蚀等缺陷

序号	作业内容	作 业 标 准
11	低压母排热缩包裹检修	（1）清扫低压母排及支持瓷瓶，检查瓷瓶有无破损、放电痕迹，检查低压母排热缩包裹应有无缺损，无明显老化、龟裂、硬化现象，必要时进行更换。 （2）母排为管母形式的，其接头包裹处应无积水，锈蚀等异常现象
12	接地装置检查	铁芯、夹件、外壳接地良好
13	阀门位置检查	（1）各阀门应处于正确的开启、关闭位置。 （2）密封良好，无渗漏
14	冷却装置控制箱检查	（1）检查箱体密封是否良好，有无进水凝露现象。 （2）清扫控制箱内、外部灰尘及杂物，有锈蚀应除锈并进行防腐处理。 （3）紧固接线端子，检查端子无发热、放电痕迹。 （4）检查交流接触器等电气元件外观是否完好，开启冷却装置，各元件动作准确。 （5）采用500V或1000V绝缘电阻表测量电气部件绝缘电阻，绝缘电阻值应在1MΩ以上或符合厂家要求。 （6）保险及底座紧固接触良好，用万用表测量保险应导通良好，保险（包括热耦）电流整定值选择正确。 （7）检查温湿度控制器及加热器是否工作正常。 （8）检查控制箱接地是否良好可靠
15	散热器（冷却器）检修	（1）冲洗或吹扫冷却器散热管束。 （2）检查有无渗油、锈蚀现象，必要时，对支架外壳等进行防腐处理
16	有载调压开关机构箱检修	（1）检查箱体密封是否良好，有无进水凝露现象。 （2）清扫机构箱内、外部灰尘及杂物，有锈蚀应除锈并进行防腐处理。 （3）机油润滑的齿轮箱无渗漏油，必要时添加或更换机油。 （4）调档时，电机运转平稳，无摩擦、撞击等杂声。 （5）紧固接线端子，检查端子无发热、放电痕迹。 （6）检查交流接触器等电气元件外观是否完好。 （7）采用500V或1000V绝缘电阻表测量电气部件绝缘电阻，绝缘电阻值应在1MΩ以上或符合厂家要求。 （8）检查信号传送盘触点、弹簧有无锈蚀。 （9）检查温湿度控制器及加热器，是否工作正常
17	有载调压开关操作检查	正、反两个方向各操作至少2个循环分接变换，各元件运转正常，接点动作正确，档位显示上、下及主控室显示一致；分接变换停止时位置指示应在规定区域内，否则应进行机构和本体连接校验与调试
18	有载调压开关机械传动部位检修	（1）检查机械传动部位螺栓、传动轴锁定片（如有）是否锁定正确。 （2）检查传动齿轮盒，定时加油润滑
19	突发压力继电器检查	（1）密封良好，无漏油、漏水现象。 （2）必要时进行校验，检验不合格的应及时更换
20	温度计检查	（1）温度计内应无潮气凝露。 （2）必要时进行校验，检验不合格的应及时更换

序号	作业内容	作 业 标 准
21	本体、有载气体继电器检查	（1）无残留气体，无渗漏油。 （2）必要时进行校验，检验不合格的应及时更换。 （3）继电器防雨罩应完好无锈蚀，必要时除锈修复
22	压力释放阀（安全气道）检查	（1）无阻塞，无喷油、渗油现象，接点位置正确。 （2）必要时进行校验，检验不合格的应及时更换。 （3）安全气道结合B修更换压力释放阀

表5-3　　　　主变压器有载调压开关A修类别作业内容及标准

作业内容	作 业 标 准
有载调压开关 （空气开关除外） 吊芯检修	（1）清洗有载调压开关油室，检查无内漏现象。 （2）清洗切换开关芯体。 （3）紧固检查螺栓，各紧固件无松动。 （4）检查快速机构的主弹簧、复位弹簧、爪卡无变形或断裂。 （5）检查各触头编织软连接无断股起毛，分接变换次数达10万次必须更换。 （6）检查动静触头烧蚀量，达到厂家规定须更换；检查载流触头应无过热及电弧烧伤痕迹。 （7）测量过渡电阻值，与铭牌数据相比，其偏差值不大于±10%。 （8）必要时解体拆开切换开关芯体，清洗、检查和更换零部件。 （9）更换顶盖密封圈，处理渗漏油。 （10）具体操作及试验要求按《有载调压开关运行维护导则》（DL/T 574）的规定或厂家技术要求执行

5.2　GIS设备维护说明

5.2.1　存放

（1）GIS设备存放地点应满足以下要求：

1）存放地点地面基础良好，无塌陷、变形等问题，防止车辆倾斜设备掉落损坏。

2）周围交通状况良好，出入方便，便于GIS车辆的运输。

3）环境良好，无污染，利于GIS设备的保存，延长使用寿命。

（2）存放时，应保证气室内部氮气或SF_6气体压力高于大气压。

（3）存放时，应确保机构箱及汇控箱密封完好；所有空气开关均已断开；断路器储能机构能量已经释放。

5.2.2 运输与验收

（1）GIS 及其操动机构的包装应能保证断路器各零部件在运输过程中不致遭到脏污、损坏、变形、丢失及受潮。对于其中的绝缘部件及由有机绝缘材料制成的绝缘件应特别加以保护，以免损坏和受潮。对于外露的接触表面，应有预防腐蚀的措施。所有运输措施均应经过验证。

（2）GIS 在运输时，应将可动部分和触头保持在一定的固定位置。

（3）GIS 在运输过程中应充以符合标准的微正压 SF_6 气体或氮气。

（4）GIS 运输单元应装有振动记录仪，记录运输过程遭受颠簸次数与严重程度。

（5）现场验收时，应检查设备外观是否正常、检查三维冲撞记录仪记录是否完整，并对相关数据及问题进行记录保存。同时进行现场拍照，并将照片、缺损件清单、检查记录副本及三维冲撞仪记录副本尽快提供给使用部门，以便及时查找原因、明确责任、研究处理。

5.2.3 GIS 设备并网前检查

并网前，必须经过严格的检查与试验，确认 GIS 设备正确可靠，方可投运。

GIS 设备并网前检查，主要检查装配状态、零件紧固、接地线配置、气体管路、SF_6 气体压力指示等。

（1）检查 GIS 整体外观，包括油漆是否完好、有无锈蚀损伤、高压套管有否损伤等。

（2）检查各螺丝紧固是否无松动。

（3）检查机构箱内部零件是否安装牢固、无锈蚀，二次接线有无松动，传动部位有无移位变形等问题。

（4）GIS 外壳应可靠接地，凡不属于主回路或辅助回路的且需要接地的所有金属部分都应接地。外壳、构架等的相互电气连接应采用紧固连接（如螺栓连接或焊接）。两个隔室间如采用短接排相连则至少要有两处连接点，外壳三相短接线应确保只有一处引至地网；接地开关、快速接地开关和避雷器的接地线应直接引入地网。

（5）检查各种充气、充油管路，阀门及各连接件的密封性是否良好；阀门的开闭位置是否正确；管道的绝缘法兰与绝缘支架是否良好。

（6）检查各气室的密度继电器或密度压力表指示是否正常，动作压力值是否符合产品技术条件。

（7）检查断路器、隔离开关及接地开关分、合闸指示器的指示是否正确；检查汇控柜上各种指示、控制开关的指示是否正确。

5.2.4 检修维护

1. 存储期间维护

现场存放期间，每个月应对 GIS 设备进行一次专业巡视，发现相关缺陷应及时进行消缺，确保设备为正常可用状态。

（1）GIS 设备外观应正常无锈蚀，发现锈蚀部分应彻底除锈后喷涂防锈漆。

（2）机构箱及汇控箱内部应无潮气及锈蚀现象，对于锈蚀部分应及时处理，并立即解决密封不严问题。

（3）检查并记录各气室的压力值，通过对比前后数据，判断是否存在露气现象，及时查找漏点，并处理。

（4）检查套管外部是否存在破裂损坏现象，对于异常套管及时申请更换。

2. 运行期间维护

运行期间，投运后运行 3 个月内每 15 天应开展对 GIS 设备进行一次专业巡视，运行 3 个月后，每 6 个月开展对主变压器设备进行一次专业巡视，对发现的缺陷进行评估，对设备运行有影响的，应申请停电进行及时处理；对设备运行不影响的，应将该缺陷进行记录，待使用结束后进行处理。

（1）外观检查。

1）对套管出线及汇流排接头表面温度进行测量，应符合《带电设备红外诊断应用规范》（DL/T 664）要求。

2）对照设备投运时气压，检查各间隔、各气室 SF$_6$ 气体压力无较大变化，气压正常。记录压力、断路器动作次数及打压次数。

3）检查设备各间隔、各气室有无漏气声，有无漏气异味。

4）检查断路器分合闸位置指示是否清晰正确，是否与实际运行状态相符；分合闸指示灯指示是否正常。

5）隔离开关及接地开关分合闸位置指示清晰正确，与实际运行状态相符；隔离开关与接地开关分合闸指示灯指示正常。

6）断路器储能指示正常、指示灯正常；计数器指示清晰。

7）设备各间隔、各气室、各部件正确接地，接地牢固，连接正常。

8）检查确认防爆装置防护罩有无异常，释放出口有无障碍物，防爆膜有无破裂。

9）检查操动机构连板、连杆有无脱落的开口销、弹簧、挡圈等连接部件。

10）汇控柜柜门指示正常，无异常信号发出；操作切换手柄与实际运行位置相符；控制、电源开关位置正常；连锁位置指示正常；柜内运行设备正常；关闭良好，封闭严密良好。

11）检查加热器及驱潮器是否正常开启、照明是否完好。

12）检查端子箱封堵是否良好、箱门关闭是否严密。

13）检查二次接线是否牢固、标识是否正确；有无明显破损或烧伤痕迹；接地措施是否良好。

14）避雷器在线监测仪指针偏转正常，读数清晰。

（2）机构检查。

1）检查弹簧储能系统指示位置、状态是否正确。

2）检查弹簧机构连接螺栓有无松动、锈蚀现象。

3）检查弹簧机构储能电机电源开关是否在合闸位置。

4）检查电源开关分合闸指示是否正确，并与实际位置相符。

3. 周期性检查维护

每 6 年为一周期对 GIS 设备进行 B 修工作（GIS 并网使用前检查工作

也是 B 修工作），每 12 年为一周期对 GIS 设备进行 A 修工作。GIS 设备 B 修类别作业内容和标准见表 5-4，GIS 设备 A 修类别作业内容和标准见表 5-5。

表 5-4　　　　　　　GIS 设备 B 修类别作业内容和标准

序号	作业内容	作 业 标 准
1	防爆膜检查	防爆膜应无严重锈蚀、氧化、裂纹及变形等异常现象
2	SF₆ 密度继电器（压力表）检查	（1）本体 SF₆ 密度继电器接线盒密封应良好，无进水、锈蚀情况，观察窗应无污秽，刻度应清晰可见。 （2）本体 SF₆ 密度继电器压力告警、闭锁功能应能正常工作
3	外壳补漆	GIS 壳体应无锈蚀、变形，油漆应完好，补漆前应彻底除锈并刷防锈漆
4	套管清洁	（1）接线板固定螺栓无锈蚀、松动，无过热现象。 （2）开展套管外表面清洁工作（积污严重的可考虑带电水冲洗）
5	螺栓检查	目测 GIS 壳体螺栓紧固标识线应无移位，螺栓应紧固
6	断路器机构检查	（1）检查机构内所做标记位置有无变化；对各连杆、拐臂、联板、轴、销进行检查，无弯曲、变形或断裂现象；对轴销、轴承、齿轮、弹簧筒等转动和直动产生相互摩擦的地方涂敷润滑脂，应润滑良好、无卡涩；各截止阀门应完好。 （2）储能电机应无异响、异味，建压时间应满足设计要求。 （3）对各电器元件（转换开关、中间继电器、时间继电器、接触器、温控器等）进行功能检查，应能正常工作。 （4）分合闸弹簧应无损伤、疲劳、变形；分合闸滚子转动时应无卡涩和偏心现象，与掣子接触面表面平整光滑，应无裂痕、锈蚀及凹凸现象；扣接时扣入深度应符合要求；传动齿轮应无卡阻、锈蚀现象，润滑应良好
7	分、合闸掣子检查	（1）分合闸滚子与掣子接触面表面应平整光滑，无裂痕、锈蚀及凹凸现象，若有异常则重新进行调整。 （2）分合闸滚子转动时无卡涩和偏心现象，扣接时扣入深度应符合设计要求
8	储能电机检查	操作机构储能电机（直流）碳刷无磨损，电机运行应无异响、异味、过热等现象，若有异常情况应进行检修或更换
9	缓冲器检查	缓冲压缩行程应符合要求；无变形、损坏或漏油现象，补油时应注意使用相同型号的液压油
10	分、合闸线圈检查	（1）分、合闸线圈安装应牢固、接点无锈蚀、接线应可靠。 （2）分、合闸线圈铁芯动作灵活、无卡涩现象，间隙应符合要求。 （3）分、合闸线圈直流电阻值应满足厂家要求
11	二次端子检查	（1）检查并紧固接线螺丝，清扫控制元件、端子排。 （2）储能回路、控制回路、加热和驱潮回路，应正常工作，测量各对节点通断是否正常。 （3）二次元器件应正常工作，接线牢固，无锈蚀

序号	作业内容	作 业 标 准
12	加热器检查	加热器安装应牢固并正常工作，测量加热器电阻值，并对加热器的状态进行评估，并根据结果进行维护或更换
13	对断路器设备的各连接拐臂、联板、轴、销进行检查	(1) 检查断路器及机构机械传动部分是否正常。 (2) 对拐臂、联板、轴、销逐一检查其位置及状态有无异常，其固定的卡簧、卡销是否均稳固。 (3) 检查机构所做标记位置有无变化。 (4) 对联杆的紧固螺母进行检查有无松动，划线标识有无偏移。 (5) 对各传动部位进行清洁及润滑，尤其是外露连杆部位
14	外传动部件检修	(1) 对各传动、转动部位进行润滑。 (2) 拐臂、轴承座等可见轴类零部件无变形、锈蚀。 (3) 拉杆及连接头无损伤、锈蚀、变形，螺纹无锈蚀、滑扣。 (4) 各相间轴承转动应在同一水平面。 (5) 可见齿轮无锈蚀，丝扣完整，无严重磨损；齿条平直，无变形、断齿。 (6) 各传动部件锁销齐全、无变形、脱落。 (7) 螺栓无锈蚀、断裂、变形，各连接螺栓进行力矩检查，并符合厂家要求
15	辅助开关传动机构的检查	(1) 辅助开关传动机构中的连杆连接、辅助开关切换无异常。 (2) 辅助开关应安装牢固、转动灵活、切换可靠、接触良好，并进行除尘清洁工作
16	断路器机构箱体检查	(1) 检查加热装置是否正常运行。 (2) 清理机构箱呼吸孔灰尘。 (3) 检查机构箱内二次线端子排接触面有无烧损、氧化，各端子逐一紧固。 (4) 安装复线插外部的防雨罩后，检查锁定把手位置是否正确锁紧。 (5) 箱门平整、开启灵活、关闭紧密，转动部分可添加润滑剂。 (6) 对机构箱体密封检查，检查机构门封有无破损、脱落，门板、封板等应不存在移位变形
17	汇控柜检查	(1) 检查并紧固接线螺丝，清扫控制元件、端子排。 (2) 储能回路、控制回路、加热和驱潮回路应正常工作。 (3) 二次元器件应正常工作，接线牢固，无锈蚀情况
18	隔离开关、接地开关机构检查	电器元件： (1) 对各电器元件（继电器、接触器等）进行功能检查，更换损坏失效电气元件。 (2) 二次接线紧固检查。 (3) 加热器（驱潮装置）功能正常，加热板阻值符合厂家要求。 (4) 驱动电机阻值符合厂家要求。 (5) 转换开关、辅助开关动作应正确，无卡滞，触点无锈蚀，用万用表测量每对接点通断情况是否正常。 (6) 检查电机回路、控制回路、照明回路、驱潮回路的功能是否正常

序号	作业内容	作 业 标 准
18	隔离开关、接地开关机构检查	机械元件： （1）变速箱壳体无变形，无裂纹，可见轴承及轴类灵活、无卡滞；蜗轮、蜗杆动作平稳、灵活，无卡滞；检查涡轮、蜗杆的啮合情况，确认没有倒转现象。 （2）机械限位装置无裂纹、变形。 （3）抱箍紧固螺栓无松动，抱箍铸件无裂纹。 （4）机构转动灵活，无卡滞。 （5）各连接、固定螺栓（钉）无松动。 （6）对机构箱进行清洁；对各转动部分进行润滑，润滑脂宜采用性能良好的二硫化钼锂基润滑脂；存在锈蚀的进行除锈处理，对机构箱密封进行检查
19	电流互感器及电压互感器二次端子紧固	检查并紧固电压互感器及电流互感器接线端子盒内的二次接线端子
20	防腐处理	（1）对局部锈蚀部位进行除锈防腐处理。 （2）对存在锈蚀铜管、螺栓进行更换
21	分、合闸线圈直流电阻	试验结果应符合制造厂规定
22	分、合闸线圈低动作电压试验	（1）并联合闸脱扣器时应确保其在交流额定电压的 85%～110% 范围或直流额定电压的 80%～110% 范围内可靠动作；并联分闸脱扣器时，应确保其在额定电源电压的 65%～120% 范围内可靠动作，当电源电压低至额定值的 30% 或更低时不应脱扣。 （2）在使用电磁机构时，合闸电磁铁线圈通流时的端电压为操作电压额定值的 80%（关合电流峰值等于或大于 50kA 时为 85%）时应可靠动作
23	断路器机械特性检查	（1）断路器的分、合闸时间、速度，主、辅触头的配合时间应符合制造厂规定。 （2）除制造厂另有规定外，断路器的分、合闸同期性应满足要求： 相间合闸不同期不大于 5ms，相间分闸不同期不大于 3ms
24	辅助回路和控制回路绝缘电阻	不低于 2MΩ（采用 500V 或 1000V 兆欧表）
25	回路电阻测试	试验结果应符合制造厂规定
26	GIS 中的联锁和闭锁性能试验	具备条件时，检查 GIS 的电动、气动联锁和闭锁性能，以防止拒动或失效。动作应准确可靠

表 5－5　　　　　　　　GIS 设备 A 修类别作业内容及标准

序号	作业内容	作 业 标 准
1	清洁管道并回收装置就位	回收装置就位并正确接取电源，选择适当的回收装置专用接头，清除装置及管道内部杂质及气体

序号	作业内容	作 业 标 准
2	回收 SF$_6$ 气体	与设备接口相连接并开启回收装置回收气体，回收 A 修气室气体，相邻气室气体回收至一半气压
3	GIS 本体开盖检查	(1) 检查灭弧装置：对灭弧室进行解体检查，更换不符合厂家要求的部件。 (2) 检查触头：对触头、绝缘拉杆等部件进行检查，更换不符合厂家要求的部件。 (3) 检查气室内壁、导体及绝缘件无异常
4	断路器 A 修	(1) 灭弧室解体检修：①对弧触指进行清洁打磨，弧触头磨损量超过制造厂规定要求应予更换；②清洁主触头并检查镀银层完好，触指压紧弹簧应无疲劳、松脱、断裂等现象；③压气缸检查正常；④喷口应无破损、堵塞等现象。 (2) 绝缘件检查：①检查绝缘拉杆、盆式绝缘子、支持绝缘台等外表有无破损、变形，清洁绝缘件表面；②绝缘拉杆两头金属固定件应无松脱、磨损、锈蚀现象，绝缘电阻符合厂家技术要求；③必要时进行干燥处理或更换。 (3) 更换密封圈：①清理密封面，更换 O 形密封圈及操动杆处活动轴密封件；②法兰对接紧固螺栓应全部更换。 (4) 更换吸附剂：①检查吸附剂罩有无破损、变形，安装应牢固；②更换经高温烘焙后或真空包装的全新吸附剂。 (5) 更换不符合厂家要求的部件
5	其他气室 A 修	(1) 对导体、断路器装置的动静触头进行检查和清洁，检查螺栓力矩，更换不符合厂家要求的部件。 (2) 对盆式绝缘子、绝缘拉杆等绝缘件进行检查和清洁，更换不符合厂家要求的部件。 (3) 更换吸附剂和防爆膜；更换新的 O 形密封圈和全部法兰螺栓，并按规定的力矩拧紧
6	更换电器元件	更换 GIS 断路器、隔离开关、接地开关的机构箱、汇控箱内继电器、接触器、加热器等低压电气元件
7	隔离/接地开关外传动机构 A 修	拆卸传动连杆，清洁打磨，更换所有的轴、销、轴承等易损件
8	SF$_6$ 气体压力数据分析	通过运行记录、补气周期对 GIS 各气室的 SF$_6$ 气体压力值进行横向、纵向比较，对气室是否存在泄漏进行判断，必要时进行检漏，查找漏点
9	防爆膜检查	防爆膜应无严重锈蚀、氧化、裂纹及变形等异常现象
10	SF$_6$ 密度继电器（压力表）检查	(1) 本体 SF$_6$ 密度继电器接线盒密封应良好，无进水、锈蚀情况，观察应无污秽，刻度应清晰可见。 (2) 本体 SF$_6$ 密度继电器压力告警、闭锁功能应能正常工作
11	接地装置检查	接地连接板与金属外壳及地的连接应牢固，接地连接片应无锈蚀并紧固良好

序号	作业内容	作 业 标 准
12	外壳补漆	GIS 壳体应无锈蚀、变形，油漆应完好，补漆前应彻底除锈并刷防锈漆
13	套管清洁	（1）接线板固定螺栓无锈蚀、松动，无过热现象。 （2）开展套管外表面清洁工作（积污严重的可考虑带电水冲洗）
14	螺栓检查	目测 GIS 壳体螺栓紧固标识线应无移位，螺栓应紧固
15	弹簧机构 A 修	（1）分合闸弹簧检查：分合闸弹簧应无损伤、变形；对分、合闸弹簧进行力学性能试验，应无疲劳，力学性能符合要求。 （2）分合闸滚子检查：分合闸滚子转动时无卡涩和偏心现象，与掣子接触面表面应平整光滑，无裂痕、锈蚀及凹凸现象。 （3）电机检查：电机绝缘、碳刷、轴承等应无磨损、工作正常。 （4）减速齿轮检查：减速齿轮无卡阻、损坏、锈蚀现象，润滑应良好。 （5）缓冲器检查：合闸缓冲器和分闸缓冲器的外部、缓冲器下方固定区域无漏油痕迹，缓冲器应无松动、锈蚀现象，弹簧无疲断裂、锈蚀，活塞缸、活塞密封圈应密封良好。 （6）对所有转动轴、销等进行更换。 （7）必要时更换新的相应零部件或整体机构
16	隔离/接地刀闸操动机构 A 修	拆卸齿轮、涡轮、蜗杆等机械部件，进行检查、清洁、打磨、润滑并复装。机构装复后进行机构动作电压试验及操动机构动作情况检查。电动机操动机构在其额定操作电压的 80%～110% 范围内分、合闸动作应可靠。电动、气动或液压操动机构在额定操作电压（液压、气压）下分、合闸 5 次，动作应正常。手动操作机构时灵活，无卡涩。闭锁装置应可靠
17	断路器机构检查	（1）检查机构内所做标记位置有无变化；对各连杆、拐臂、联板、轴、销进行检查，无弯曲、变形或断裂现象；对轴销、轴承、齿轮、弹簧筒等转动和直动产生相互摩擦的地方涂敷润滑脂，应润滑良好、无卡涩；各截止阀门应完好。 （2）储能电机应无异响、异味，建压时间应满足设计要求。 （3）对各电器元件（转换开关、中间继电器、时间继电器、接触器、温控器等）进行功能检查，应正常工作。 （4）分合闸弹簧应无损伤、疲劳、变形；分合闸滚子转动时应无卡涩和偏心现象，与掣子接触面表面应平整光滑，应无裂痕、锈蚀及凹凸现象；扣接时扣入深度应符合要求；传动齿轮应无卡阻、锈蚀现象，润滑应良好
18	分、合闸掣子检查	（1）分合闸滚子与掣子接触面表面应平整光滑，无裂痕、锈蚀及凹凸现象，若有异常则重新进行调整。 （2）分合闸滚子转动时无卡涩和偏心现象，扣接时扣入深度应符合设计要求
19	储能电机检查	操作机构储能电机（直流）碳刷无磨损，电机运行应无异响、异味、过热等现象，若有异常情况应进行检修或更换
20	缓冲器检查	缓冲压缩行程应符合要求；无变形、损坏或漏油现象，补油时应注意使用相同型号的液压油

続表

序号	作业内容	作 业 标 准
21	分、合闸线圈检查	（1）分、合闸线圈安装应牢固、接点无锈蚀、接线应可靠。 （2）分、合闸线圈铁芯应灵活、无卡涩现象，间隙应符合厂家要求。 （3）分、合闸线圈直流电阻值应满足厂家要求
22	二次端子检查	（1）检查并紧固接线螺丝，清扫控制元件、端子排。 （2）储能回路、控制回路、加热和驱潮回路，应正常工作，测量各对节点通断是否正常。 （3）二次元器件应正常工作，接线牢固，无锈蚀
23	加热器检查	加热器安装应牢固并正常工作，测量加热器电阻值，并对加热器的状态进行评估，并根据结果进行维护或更换
24	对断路器设备的各连接拐臂、联板、轴、销进行检查	（1）检查断路器及机构机械传动部分是否正常。 （2）对拐臂、联板、轴、销逐一检查其位置及状态有无异常，其固定的卡簧、卡销是否均稳固。 （3）检查机构所做标记位置有无变化。 （4）对联杆的紧固螺母检查有无松动，划线标识有无偏移。 （5）对各传动部位进行清洁及润滑，尤其是外露连杆部位
25	外传动部件检修	（1）对各传动、转动部位进行润滑。 （2）拐臂、轴承座及可见轴类零部件无变形、锈蚀。 （3）拉杆及连接头无损伤、锈蚀、变形，螺纹无锈蚀、滑扣。 （4）各相间轴承转动应在同一水平面。 （5）可见齿轮无锈蚀，丝扣完整，无严重磨损；齿条平直，无变形、断齿。 （6）各传动部件锁销齐全，无变形、脱落。 （7）螺栓无锈蚀、断裂、变形，各连接螺栓进行力矩检查，并符合厂家要求
26	辅助开关传动机构的检查	（1）辅助开关传动机构中的连杆连接、辅助开关切换无异常。 （2）辅助开关应安装牢固、转动灵活、切换可靠、接触良好，并进行除尘清洁工作
27	断路器机构箱体检查	（1）检查加热装置是否正常运行。 （2）清理机构箱呼吸孔灰尘。 （3）检查机构箱内二次线端子排接触面有无烧损、氧化，各端子逐一紧固。 （4）装复线插外部的防雨罩后检查锁定把手位置是否正确锁紧。 （5）箱门平整、开启灵活、关闭紧密，转动部分可添加润滑剂。 （6）对机构箱体密封进行检查，检查机构箱门封有无破损、脱落，门板、封板等应不存在移位变形
28	汇控柜	（1）检查并紧固接线螺丝，清扫控制元件、端子排。 （2）储能回路、控制回路、加热和驱潮回路应正常工作。 （3）二次元器件应正常工作，接线牢固，无锈蚀情况

序号	作业内容	作业标准
29	隔离开关/接地开关机构检查	电器元件： （1）对各电器元件（继电器、接触器等）进行功能检查，更换损坏失效电气元件。 （2）二次接线紧固检查。 （3）加热器（驱潮装置）功能正常，加热板阻值符合厂家要求。 （4）驱动电阻阻值符合厂家要求。 （5）转换开关、辅助开关动作应正确，无卡滞，触点无锈蚀，用万用表测量每对接点通断情况是否正常。 （6）检查电机回路、控制回路、照明回路、驱潮回路；各回路功能应正常。 机械元件： （1）变速箱壳体无变形，无裂纹，可见轴承及轴类灵活，无卡滞；蜗轮、蜗杆动作平稳、灵活，无卡滞；检查涡轮、蜗杆的啮合情况，确认没有倒转现象。 （2）机械限位装置无裂纹、变形。 （3）抱箍紧固螺栓无松动，抱箍铸件无裂纹。 （4）机构转动灵活，无卡滞。 （5）各连接、固定螺栓（钉）无松动。 （6）对机构箱进行清洁；对各转动部分进行润滑，润滑脂宜采用性能良好的二硫化钼锂基润滑脂；存在锈蚀的进行除锈处理，对机构箱密封进行检查
30	电流互感器及电压互感器二次端子紧固	检查并紧固电压互感器及电流互感器接线端子盒内的二次接线端子
31	防腐处理	（1）对局部锈蚀部位进行除锈防腐处理。 （2）对存在锈蚀铜管、螺栓进行更换
32	分、合闸线圈直流电阻	试验结果应符合制造厂规定
33	分、合闸线圈低动作电压试验	（1）并联合闸脱扣器应确保其在交流额定电压的85％～110％范围或直流额定电压的80％～110％范围内可靠动作；并联分闸脱扣器应确保其在额定电源电压的65％～120％范围内可靠动作，当电源电压低至额定值的30％或更低时不应脱扣。 （2）在使用电磁机构时，合闸电磁铁线圈通流时的端电压为操作电压额定值的80％（关合电流峰值等于及大于50kA时为85％）时应可靠动作
34	断路器机械特性检查	（1）断路器的分、合闸的时间、速度，主、辅触头的配合时间应符合制造厂规定。 （2）除制造厂另有规定外，断路器的分、合闸同期性应满足要求，即相间合闸不同期不大于5ms，相间分闸不同期不大于3ms
35	辅助回路和控制回路绝缘电阻	不低于2MΩ（采用500V或1000V兆欧表）

序号	作业内容	作 业 标 准
36	回路电阻测试	试验结果应符合制造厂规定
37	GIS中的联锁和闭锁性能试验	具备条件时，检查GIS的电动、气动联锁和闭锁性能，以防止拒动或失效。动作应准确可靠

5.3 高压开关柜维护说明

5.3.1 存放

（1）高压开关柜存放地点应满足以下要求：

1）存放地点地面基础良好，无塌陷、变形等问题，防止因车辆倾斜导致设备掉落损坏。

2）周围交通状况良好，出入方便，便于10kV低压开关车辆运输。

3）环境良好，无污染，利于高压开关柜保存，延长使用寿命。

（2）存放时，应确保开关柜柜门密封完好；所有空气开关均已断开；隔离开关处于分闸状态，断路器储能机构能量已经释放，手车应锁定。

5.3.2 运输与验收

（1）高压开关柜的包装应能保证断路器与隔离开关各零部件在运输过程中不致遭到脏污、损坏、变形、丢失及受潮。对于其中的绝缘部件及由有机绝缘材料制成的绝缘件应特别加以保护，以免损坏和受潮。对于外露接触表面，应有预防腐蚀的措施。所有运输措施均应经过验证。

（2）高压开关柜在运输时，纵旋移开式户内交流金属封闭开关设备在运输时，应将可动部分和触头保持在一定固定位置。

（3）高压开关柜运输单元应装有振动记录仪，记录运输过程遭受颠簸次数与严重程度。

（4）现场验收时，应检查设备外观是否正常、检查三维冲撞记录仪记录是否完整，并对相关数据及问题进行记录保存。同时，进行现场拍照，并将照片、缺损件清单、检查记录副本及三维冲撞仪记录副本尽快提供给使用部门，以便及时查找原因、明确责任、研究处理。

5.3.3　高压开关柜并网前检查

高压开关柜并网前，必须经过严格的检查与试验，确认高压开关柜正确可靠，方可投运。

高压开关柜并网前检查，主要检查开关柜的整体外观、内部零件紧固情况、接地完整与可靠性、机械动作流畅度及指示正确性、机械联锁功能正确性、隔离开关的触指情况等。

（1）检查高压开关柜整体外观，包括油漆是否完好、有无锈蚀损伤，绝缘瓷瓶外观是否清洁无损伤。

（2）检查各螺丝紧固有无松动，机构内部零件是否安装牢固、无锈蚀，二次接线有无松动，传动部位有无移位变形等问题。

（3）高压开关柜外壳应可靠接地，凡不属于主回路或辅助回路的且需要接地的所有金属部分都应接地良好。外壳、构架等的相互电气连接应采用紧固连接（如螺栓连接或焊接）。快速接地开关和避雷器接地线应可直接引入地网。整排柜体的接地母线必须两点以上与地网连接，单柜两点以上与接地母线连接，明显可靠。

（4）断路器手车推进、拉出应灵活、无卡阻，指示正确；断路器、隔离开关、接地开关分、合闸动作应准确、无卡阻，指示正确；检查仪表室上各种指示、控制开关的指示应正确。

（5）柜内除湿装置手动、自动功能检查正常、工作状态指示正常。

（6）断路器、隔离开关、接地开关与门之间的联锁应满足联锁功能。

（7）触指表面镀银层光滑，触指无变形、移位，触指弹簧压力满足技术要求，触指表面涂有凡士林。

5.3.4　检修维护

1. 存储期间维护

现场存放期间，每个月应对高压开关柜进行一次专业巡视，发现相关缺陷应及时进行消缺，确保设备为正常可用状态。

（1）高压开关柜外观应正常无锈蚀、发现锈蚀部分应彻底除锈后喷涂防锈漆。

（2）开关柜及机构内部应无潮气及锈蚀现象，对于锈蚀部分应及时处理。

（3）检查绝缘瓷瓶外观是否清洁无损伤，对于异常绝缘瓷瓶及时申请更换。

2．运行期间维护

运行期间，每15天应开展对高压开关柜进行一次专业巡视，对发现的缺陷进行评估，对设备运行有影响的，应申请停电进行及时处理，对设备运行不影响的，应将该缺陷进行记录，待使用结束后进行处理。

外观检查包括以下内容：

（1）检查高压柜封堵是否良好、柜门关闭是否严密。

（2）柜内无异常噪声、异味，无异常振动。

（3）柜体表面部分温度基本相同，无异常过热现象。

（4）检查各部位接地是否完好以及接地体的锈蚀情况。

（5）断路器分合闸位置指示清晰正确，与实际运行状态相符，分合闸指示灯指示正常。

（6）断路器的弹簧操作机构储能指示正常，且已储能。动作计数器正常。

（7）隔离开关分合闸位置指示清晰正确，与实际运行状态相符。

（8）可见的隔离开关分、合闸位置正确，且三相一致。

（9）可见导电部分包覆的绝缘套平展，无高温烧灼现象。

（10）隔离开关导电部位的温度在适当温升范围内。

（11）电缆室封堵应完好，绝缘挡板无脱落、凝露或放电痕迹。

（12）出线侧电缆接头连接良好，无过热、放电现象，温度蜡齐全无熔化。

（13）绝缘子、互感器、避雷器可视部分应完好，无异常。

（14）柜屏上指示灯正确无误，二次接线应无锈蚀、破损、松脱。带电显示器指示正确，柜内照明灯正常。

（15）观察窗及验电窗透明度高。

3. 维护与保养

在正常工作条件下，每隔两年必须进行维护。在恶劣工作条件下（如灰尘、湿度、空气污染等）必须每年进行维护。如遇特殊情况，需与厂家联系。

（1）机械部分的维护。包括所有的传动件、铰链和摩擦的地方，必须每年进行检查并润滑这些部位。

（2）隔离触头的维护。具体如下：

1）每年一次的维护：对开关柜隔离开关进行拉合操作 3 次，检查隔离真空断路器的传动机构是否灵活。

2）每 6 年一次的维护：用干净棉布清洁绝缘件表面，对隔离真空断路器进行 10 次分、合闸操作，检测真空断路器的机械特性参数。

3）运行 10 年后的检测：检查隔离触头和真空灭弧室触头的磨损情况。

4）运行 20 年或达到 1 万次机械操作后，应对隔离真空断路器进行全面的检查。真空灭弧室的触头达到最大磨损后，应更换灭弧室。

4. 周期性检修

每 6 年为一周期对高压开关柜设备进行 B 修工作（高压开关柜并网使用前检查工作也是 B 修工作，B 修周期重新），每 24 年（或必要时）为一周期对高压开关柜进行 A 修工作。高压开关柜 B 修类别作业内容及标准见表 5-6，高压开关柜 A 修类别作业内容及标准见表 5-7。

表 5-6 高压开关柜 B 修类别作业内容及标准

序号	作业内容	作　业　标　准
1	冷却风机检查	（1）清扫风机，应无积尘，运行无异响，转速风量正常。 （2）必要时更换风机
2	仪表室检查	电器元件无损坏、脱落，清扫室内各元器件灰尘；检查并确认二次接线有无松动，线号应清晰准确并与图纸标示相符
3	母线室检查	（1）热缩套应紧贴铜排，无脱落、高温烧灼现象。 （2）母排搭接面应平整紧密，无发热变色；螺栓及垫片应齐全，用力矩扳手检查螺栓紧固是否达到力矩要求。 （3）清扫母线室，尤其是穿柜套管、触头盒和支持绝缘子，绝缘件表面应整洁，无裂痕和放电痕迹。 （4）对 35kV 开关柜，将无屏蔽结构的穿柜套管和触头盒更换为带屏蔽设计的套管和触头盒

序号	作业内容	作业标准
4	电缆室检查	（1）电流互感器、电压互感器的一次引线接头接触良好、无过热现象，接地线完好牢固，二次线无锈蚀、破损、松脱。 （2）避雷器或过电压保护装置引线接头接触良好，无过热现象，螺栓无松动。 （3）清洁接地开关动、静触头，确认接地开关能够分、合到位，铜排螺栓应无松动，连杆各部位灵活。 （4）电缆终端头与分支母排的连接螺栓无松动。螺栓紧固力矩满足要求。 （5）一次电缆孔、二次电缆孔处于密封状态。 （6）检查加热器及温湿度传感器功能是否正常，长投加热器应始终处于加热状态。 （7）清扫电缆室，尤其是绝缘子、绝缘挡板、电流互感器、避雷器、电压互感器等表面应整洁，无裂痕和放电痕迹
5	断路器检查	（1）断路器本体的绝缘筒、固封极柱、触头盒等表面无水滴、尘埃附着，无裂纹、破损或放电痕迹。 （2）梅花触头、静触头及其他导电接触面表面无腐蚀严重、损伤、过热发黑、镀银层磨损、触头弹簧变形等。 （3）移开式小车触头插入深度符合厂家要求。 （4）真空泡（适用时）外观完整，无裂纹、外部损伤及放电痕迹。 （5）检查移开式小车导轨是否变形，活门开启、关闭是否正常，小车推进推出应顺畅。 （6）断路器机构底部应无碎片、异物，清扫断路器室。 （7）辅助开关必须安装牢固、转动灵活、切换可靠、接触良好。断路器进行分合闸试验时，检查转换断路器接点是否正确切换。 （8）电线绝缘层无变色、老化或损坏；储能、联锁销等微动开关无失灵或不能联锁；端子排无缺针、插针变形、损坏。 （9）分、合闸铁芯在任意位置动作均灵活，无卡涩现象，以防拒分和拒合。 （10）检查分、合闸线圈固定座是否存在开裂情况，衔铁活动是否顺畅。 （11）检查储能电机工作是否正常。 （12）按照厂家对相关电气元件更换质量要求，对机构箱内相关电气元件进行更换。 （13）油缓冲器无漏油，橡胶缓冲器无破损。 （14）分合闸弹簧固定良好、无生锈裂纹。 （15）分合闸半轴应转动灵活、无锈蚀，半轴扣接量应满足厂家要求。 （16）分合闸滚子转动时应无卡涩和偏心现象，扣接时扣入深度应符合厂家技术条件要求。分合闸滚子与掣子接触面表面应平整光滑，无裂痕、锈蚀及凹凸现象。 （17）各紧固螺栓、轴销及挡圈检查，无断裂、松动、松脱现象。 （18）对断路器机构进行清洁，对各传动部分存在锈蚀的进行除锈处理，对轴承、转轴等处添加润滑油进行润滑。 （19）检查断路器室加热器及温湿度传感器功能是否正常，长投加热器应始终处于加热状态

序号	作业内容	作业标准
6	隔离开关检修	（1）螺栓无锈蚀、松动；支持瓷瓶和动触头瓷套外表无污垢，无破损；动、静触头接触良好，无过热、烧蚀痕迹；触头压紧弹簧无松动、断裂，无卡死、歪曲等现象。 （2）绝缘拉杆、操作拉杆无裂痕，保持清洁；各传动部件无生锈、卡死现象，各转动部位转动灵活，各轴、轴销无弯曲、变形、损伤，进行润滑；各焊接处牢固，紧固处无松动。 （3）隔离开关触头开距应符合厂家要求，操作灵活，无卡涩现象，触头插入深度符合要求，保证刀片与触头完全接触。 （4）隔离开关操作机构检修：检查分合闸指示牌及连杆是否正常，机构可视部分螺丝、轴销、卡圈等是否正常，有无卡涩、松动，卡圈是否在卡槽内，有无松动脱出现象。对机构进行清洁、除锈和螺栓紧固
7	手动操作及五防联锁检查	（1）操作手柄齐全，手动操作正常。 （2）操作机构及"五防"联锁零件应完好。 （3）检查"五防"联锁功能应正常。 （4）解锁功能应正常
8	带电显示闭锁装置检查	检查防误操作闭锁装置或带电显示装置有无失灵

表 5-7　　　　　　　　高压开关柜 A 修类别作业内容及标准

序号	作业内容	作业标准
1	柜体全面检修	对开关柜柜体及所有一次、二次零部件进行全面检查，如有异常进行更换（高压开关柜 A 修工作建议由厂家协助完成）
2	拆装断路器	（1）拆装断路器本体。 （2）拆装断路器绝缘拉杆。 （3）测量真空泡的真空度，如不合格更换真空泡。必要时，如操作次数达到 5000 次，即投切电容器的断路器的操作次数达到厂家规定值或累积短路电流或额定电流开断达到厂家规定值时应更换真空泡
3	断路器机构维修	（1）对所有转动轴、销、运动部件进行更换。 （2）螺栓、螺母紧固检查。 （3）润滑（包括所有转动轴、销、运动部件）。必要时，如操作次数达到 5000 次，即投切电容器的断路器的操作次数达到厂家规定值

5.4　站变接地变及小电阻柜维护说明

5.4.1　存放

站变接地变及小电阻柜存放地点应满足以下条件：

（1）存放地点地面基础良好，无塌陷、变形等问题，防止因车辆倾斜导致设备掉落损坏。

（2）周围交通状况良好，出入方便，便于10kV低压开关车辆运输。

（3）环境良好，无污染，利于站变接地变保存，延长使用寿命。

5.4.2　运输与验收

（1）站变接地变及小电阻柜的包装应能保证设备在运输过程中不致遭到脏污、损坏、变形、丢失及受潮。对于其中的绝缘部件及由有机绝缘材料制成的绝缘件应特别加以保护，以免损坏和受潮。对于外露接触表面，应有预防腐蚀的措施。所有运输措施均应经过验证。

（2）站变接地变及小电阻柜运输单元应装有振动记录仪，记录运输过程遭受颠簸的次数与严重程度。

（3）现场验收时，应检查设备外观是否正常、检查三维冲撞记录仪记录是否完整，并对相关数据及问题进行记录保存。同时进行现场拍照，并将照片、缺损件清单、检查记录副本及三维冲撞仪记录副本尽快提供给使用部门，以便及时查找原因、明确责任、尽快处理。

5.4.3　站变接地变及小电阻柜并网前检查

并网前，必须经过严格的检查与试验，确认站变接地变正确可靠，方可投运。

站变接地变及小电阻柜并网前检查包括以下：

（1）检查站变接地变及小电阻柜整体外观，包括油漆是否完好、有无锈蚀损伤、绝缘瓷瓶外观是否清洁无损伤。

（2）检查各螺丝是否紧固无松动。

（3）站变接地变及小电阻柜外壳应可靠接地，凡不属于主回路或辅助回路的且需要接地的所有金属部分都应接地良好。外壳、构架等的相互电气连接应采用紧固连接（如螺栓连接或焊接）。避雷器的接地线应可直接引入地网。

5.4.4 检修维护

1. 存储期间维护

现场存放期间，每个月应对站变接地变及小电阻柜进行一次专业巡视，发现相关缺陷应及时进行消缺，确保设备为正常可用状态。

（1）站变接地变及小电阻柜外观应正常无锈蚀、发现锈蚀部分应彻底除锈后喷涂防锈漆。

（2）检查绝缘瓷瓶外观是否清洁无损伤，对于异常绝缘瓷瓶及时申请更换。

2. 运行期间维护

运行期间，每15天应开展对站变接地变及小电阻柜进行一次专业巡视，对发现的缺陷进行评估。对设备运行有影响的，应申请停电并进行及时处理；对设备运行不影响的，应将该缺陷进行记录，待使用结束后进行处理。

（1）站变接地变外观检查包括以下内容：

1）干式变压器外表有无积污。

2）防护外壳有无破损。

3）铭牌及其他标志是否完好。

4）非包封式干式变压器的固定遮栏是否完好。

5）温度测量装置是否运行正常，温度限值是否超出规定。

6）高、低压侧的电流是否在允许范围内，变压器是否过载运行。

7）用红外线测温仪检查各个接头和套管有无过热现象。

8）套管和瓷瓶有无闪络现象。

9）检查引拔棒有无移位，地面有无熔铝、过热绝缘材料等异物。

（2）小电阻柜外观检查包括以下内容：

1）设备外观无锈蚀、无脱漆、无积污，设备铭牌和运行编号标识清晰、完善，相序标示清晰完整。

2）设备基础和支架无裂纹、无变形、无倾斜、无下沉。

3）环氧树脂表面无老化、裂纹等痕迹，无灰尘污染。

4）接地引下线无锈蚀、无脱漆、无脱焊。

5）仔细监视设备运行声音和振动，运行声响均匀、正常，无异常放电声或较大响声和振动。

6）高压引线接触良好，接头无过热，各连接引线无发热、变色。

7）端子箱门应关严，无受潮，电缆孔洞封堵完好。

3. 周期性检修

每 6 年为一周期对站变接地变及小电阻柜设备进行 B 修工作（高压开关柜并网使用前检查工作也是 B 修工作，B 修周期重新计算）。站变接地变 B 修类别作业内容及标准见表 5-8，小电阻柜 A 修类别作业内容及标准见表 5-9。

表 5-8　　　　　　　　站变接地变 B 修类别作业内容及标准

序号	作业内容	作 业 标 准
1	铁芯检查	（1）铁芯应平整、清洁，无片间短路或变色、放电烧伤痕迹，无卷边、翘角、缺角现象。 （2）接地引出点连接片连接可靠，无发热、断裂现象。 （3）检查垫块有无位移、松动
2	器身清扫	清扫器身，无脏污落尘；检查外绝缘有无破损、裂纹、放电痕迹
3	紧固处理	检查器身各部位的紧固情况，并按厂家规定力矩对铁芯、夹件等部位螺栓进行紧固
4	引流线连接部位检查	（1）检查接线端子连接部位，金具应完好、无变形、锈蚀，若有过热变色等异常应拆开连接部位检查处理接触面，并按标准力矩紧固螺栓。 （2）引线长度应适中，接线柱不应承受额外应力。 （3）引流线无扭结、松股、断股或其他明显的损伤或严重腐蚀等缺陷
5	冷却装置检查	（1）运转正常，无异响，如有异常应进行更换。 （2）控制元件动作灵活，无卡涩，二次端子紧固。 （3）清扫风道，清除异物，保证风道清洁无堵塞。 （4）每 12 年需更换风扇，电源电缆有条件可进行更换
6	接地装置检查	检查连接可靠，无严重锈蚀

表 5-9　　　　　　　　小电阻柜 A 修类别作业内容及标准

序号	作业内容	作 业 标 准
1	清洁处理	清洁绝缘子和电阻元件

5.5　移动变电站用电源设备维护说明

5.5.1　存放

（1）站用电源的存放地点应满足以下条件：

1）存放地点地面基础良好，无塌陷、变形等问题，防止因车辆倾斜导致设备掉落损坏。

2）周围交通状况良好，出入方便，便于站用电源车辆运输。

3）环境良好，无污染，利于站用电源保存，延长使用寿命。

（2）移动变电站直流系统采取带电保存，站用交流系统接入站外380V电源，站用直流系统采用带电存储，由充电机对蓄电池组浮充电。

（3）蓄电池室的温度应经常保持在 15～30℃，一般应保持在 25℃左右，并保持良好的通风和照明。

5.5.2　运输与验收

检查三维冲撞记录仪的记录是否完整，并打印保存相关记录。对发现的损坏部件及其他不正常现象作详细记录，同时进行现场拍照，并将照片、缺损件清单、检查记录副本及三维冲撞仪记录副本尽快提供给使用部门，以便及时查找原因、明确责任、尽快处理。

5.5.3　站用电源运行前检查

（1）站用电源运行前外观检查包括以下内容：

1）屏上各操作开关、直流馈线断路器应固定良好、无松动现象。

2）标签标注清晰、正确；屏内端子排接线整齐，无乱接线，接线应无松动现象。

3）装置外形应端正，无明显损坏及变形现象。

4）充电装置屏、蓄电池屏（架）电缆进线孔应封堵严密。

5）各部件应清洁良好；操作灵活，无较大振动和异常噪声，指示灯指示正确，液晶面板显示正常，装置时间显示正确。

6）蓄电池室通风、照明完好，温度符合 5～30℃。

7）蓄电池端子无生盐，并涂有中性凡士林。

8）蓄电池管理单元指示正常。

（2）直流控制母线电压表等相关表计、监控单元各功能及报警、保护功能检验正常。

（3）检查站外交流电源箱是否正常，接入电源箱后对交流屏 380V 进线断路器进行分合操作 2～3 次，分合正常。合上进线断路器后将交流馈线投至日常运行的方式。

（4）检查直流屏交流输入是否正常，直流充电机设置是否正确，输出电压是否正确，蓄电池整组电压和单体电压是否正常。

（5）将直流馈线支路投至日常运行的方式。

5.5.4　检修维护

1. 存储期间维护

现场存放期间，每个月应对站用电源进行一次专业巡视，发现相关缺陷应及时进行消缺，确保设备为正常可用状态。

（1）站用电源外观应正常、连接无变形腐蚀。

（2）每节蓄电池浮充电压正常（参考生产厂家说明书，如无，每节单体电压为 2.23～2.28V）、浮充电流符合要求、蓄电池组电压应小于 2.40V 乘以电池节数。

（3）蓄电池室通风、照明完好，温度符合 5～30℃；蓄电池温度无异常。

2. 运行期间维护

运行期间，每 15 天应开展对站用电源进行一次专业巡视，对发现的缺陷进行评估。对设备运行有影响的，应申请停电进行及时处理；对设备运行不影响的，应将该缺陷进行记录，待使用结束后进行处理。

（1）直流电源设备检查包括以下内容：

1）蓄电池组浮充电流应符合要求。

2）蓄电池室通风、照明完好，温度一般在 5～30℃、最高不超过 35℃。

3）蓄电池组外观清洁，外壳无裂纹、漏液，安全阀无堵塞，密封良好，极柱与安全阀周围无酸雾逸出。

4）蓄电池端子无生盐，并涂有中性凡士林。

5）蓄电池组的端电压、浮充电压电流、直流母线电压均正常。

6）微机监控单元、蓄电池管理单元、辅助元器件（如接触器、继电器等）工作正常，无异常信号，无异常声音。

7）直流电源设备标识清晰，无脱落。

8）在浮充状态下，无单体蓄电池电压与整组蓄电池电压平均值之差超过《变电站直流电源系统技术标准》（Q/GDW 11310）的规定。

9）无温度异常的蓄电池。

（2）站用交流电源设备检查包括以下内容：

1）屏柜外观检查：屏柜外观无生锈、破损，屏柜接地线连接良好，各元器件清洁。

2）监控单元及辅助元器件：微机监控单元、辅助元器件（如接触器、继电器等）工作正常，无异常信号，无异常声音。

3）交流母线三相电压、电流正常。

4）表计：设备进线和母线电流电压数据、表计读数和实测值一致。

5）指示灯指示正常，没有闪烁；熄灭现象指示灯指示正常，没有闪烁、熄灭现象。

6）按键正常、无损坏、操作灵活。

7）一、二次导线无损伤、破裂。

8）测温（用红外成像仪进行测温）：关键点（进线断路器、汇流母排、馈线电缆接线处）的温度无异常。

9）标志：交流电源设备标识清晰，无脱落。

3. 周期性检修

前 4 年每 2 年 1 次开展蓄电池容量检查；4 年以后每年开展 1 次蓄电

池容量检查。蓄电池的作业内容及标准见表 5-10。

表 5-10　　　　　　　　　　　蓄电池的作业内容及标准

作业内容	作业标准
蓄电池容量检查	采用 I_{10} 电流（10 小时产放电电流）进行恒定电流放电，蓄电池容量应为标称容量的 80% 及以上

5.6　二次设备运维方案

为保证 110kV 移动变电站的保护设备、自动化设备的正常运行，组织编制了 110kV 移动变电站的保护设备、自动化设备运维作业标准，确保保护正确、动作可靠，保证电网安全稳定运行。

5.6.1　综合自动化系统投运及定检原则

移动变电站每次投运前，由于涉及多根快速插接的航空电缆及航空插头，每次运输时二次回路都有拆、接工作，故均需按照新设备投运的启动标准执行。

由于全站保护设备、自动化设备均为常规设备，对全站保护及自动化设备执行 3 年部检、6 年全检的标准。定检周期从 110kV 移动变电站的第一次投运起算。

为提高设备运维质量，预控设备风险，将设备巡视、维护策略分为正常维护、特别维护两大类。其中，正常维护周期为每年开展一次，包括日常巡视、缺陷处理等方面；特别维护在移动变电站使用前开展一次，包括日常巡视、缺陷处理等方面。

一次设备不带电时，二次系统也需接入电源，保证二次系统一直平稳工作。

5.6.2　综合自动化系统日常巡视维护工作原则

综合自动化系统日常巡视维护工作见表 5-11。

表 5－11　　　　　综合自动化系统日常巡视维护工作

序号	检查项目	检 查 内 容	检查周期
1	外观检查	保护屏、测控屏、端子箱、开关柜控制选择开关应完好；控制回路红绿灯指示应正确；控制选择开关、空气开关、压板、按钮标志齐全；保护屏、测控屏，端子箱、机构箱防火封堵完好	每 12 个月或使用前
2	保护及自动化装置状态检查	所有运行中的保护及自动控制装置的运行状态完好，无异常告警信息，保护、测控装置及后台监控无异常信息，压板投退正确，压板接触牢固可靠	每 12 个月或使用前
3	检查各 GPS 运行工况	GPS 时间显示正常，运行正常，对时功能正常，保护、测控装置与 GPS 对时正确	每 12 个月或使用前
4	检查二次电缆及回路情况	检查二次电缆是否正常，端子箱二次回路端子接线是否松动，是否存在端子排锈蚀情况，二次元器件运行是否正常	每 12 个月或使用前
5	二次设备工况检查维护	二次设备（包括控制、保护、直流、站用盘、机构箱、端子箱二次端子、回路）保持干净整洁	每 12 个月或使用前
6	车之间的二次电缆检查	两车之间二次电缆通过航空插头连接可靠，航空插头两端安装防尘盖，对航空插头及金属软管性能进行检查	每 12 个月或使用前

第6章 运行专业巡视维护方案

为确保移动变电站并网期间安全稳定运行，特制定移动变电站在并网期间的巡视维护工作方案。

6.1 移动变电站运行期间巡视维护工作要求

移动变电站运行期间设备运维工作主要参照《广东电网有限责任公司变电设备运维策略实施细则（2020 版）》要求开展。考虑到移动变电站运行期间，相关四遥信号只接入就地后台系统，未接入调度监控系统，无法实现远方监盘及操作功能。为降低设备运行风险，故应适当增加巡视维护次数，满足设备安全稳定运行的工作需要。

6.2 移动变电站巡视管理

按照《广东电网有限责任公司变电设备运维策略实施细则（2020 版）》工作要求，运行专业采用"日常巡维＋动态巡维＋特殊巡视"的模式对移动变电站进行巡维。

6.2.1 日常巡维

移动变电站日常巡维包括日常巡视、测温、夜间巡视和监察性巡视，巡维中心参照Ⅰ级管控设备管理要求，对移动变电站开展日常巡维工作。移动变电站日常巡视工作标准见表 6-1。

表 6 - 1　　　　　　　　　　移动变电站日常巡视工作标准

序号	工作内容	工作标准	周期	负责专业
1	了解运行方式及缺陷异常情况	对有缺陷和异常的设备进行重点巡视	每天	运行
2	检查一次设备外观	车载支撑设备牢固，无下沉、倾斜变位、锈蚀，本体无变形、锈蚀、掉漆，接地良好。设备接头无发热、烧红现象，金具无变形、螺丝有无断损和脱落。绝缘子、瓷套无破损和灰尘污染，有无放电痕迹，无异常声响	每天	运行
3	检查避雷器	动作次数和泄漏电流显示正确	每天	运行
4	检查充油、充气设备的油位、油压、油温、气压	无漏渗油，油位、油压、油温正常；充气设备压力正常，SF_6 报警设备符合标准要求	每天	运行
5	检查主变压器	运行声音正常，呼吸器硅胶变色不超 2/3，注意通过观察呼吸器硅胶是否变色、呼吸器油杯是否有气泡、硅胶更换周期是否比同类变压器过长等，综合判断主变压器呼吸系统是否正常，油封正常；气体继电器无气体；冷却系统工作正常；主变压器油面温度计、绕组温度计工作正常，无凝露现象	每天	运行
6	检查断路器、隔离开关、接地开关	位置指示正确与后台一致；带电显示器显示正确；断路器储能正常	每天	运行
7	检查屏柜及机构箱	端子箱、机构箱、汇控箱密封良好无受潮，防潮装置运行正常	每天	运行
8	检查各车载设备密封箱及其防小动物设施	无渗漏水；门窗关闭良好；空调运行正常；电缆进出口孔洞封堵完好	每天	运行
9	检查继电保护及自动装置，远动设备、计量设备	压板投退正确，运行正常，无异常声音，各指示灯指示正常，无异常告警信号，切换把手位置正确	每天	运行
10	检查移动变电站交、直流系统	直流系统充电机正常工作，各表计、指示灯显示正确，绝缘监测无异常，蓄电池组无异常；交流系统切换装置各指示灯与实际位置相应，控制模块无异常死机现象	每天	运行
11	检查"五防"及监控系统	"五防"设施完好，通信正常，钥匙已充电，后台监控无异常信号	每天	运行
12	检查移动变电站标识、划线	标识完好、全面、正确，符合标准要求	每天	运行
13	检查移动变电站通风设备	通风系统与设备、设施符合标准要求	每天	运行

序号	工作内容	工 作 标 准	周期	负责专业
14	检查移动变电站照明设备	照明设备、设施符合标准要求	每天	运行

6.2.1.1 测温

移动变电站红外测温工作标准见表6-2。

表6-2　　　　　移动变电站红外测温工作标准

序号	工作内容	工 作 标 准	周期	负责专业
1	记录测温前设备运行工况	记录时间、天气、环境温度、相对湿度；记录设备名称、编号、负荷情况	每天	运行
2	现场核查具体设备情况	核对待测设备名称和编号；关注电流型设备引线接头、等电位连接片等导电部位是否发热异常；关注电压型设备和其他设备温度分布是否均匀	每天	运行
3	按照测温方法开展作业	先进行全面扫描，再有针对性地进行准确检测；对比同类设备或同一设备不同相别温度；确保被测设备充满仪器视窗进行精准测量；温度异常时保存红外成像谱图	每天	运行
4	按照测温方法开展作业	根据《带电设备红外诊断技术应用导则》（DL/T 664）对测温照片进行分析并生成报告上报	每天	运行

6.2.1.2 夜间巡视

移动变电站夜间巡视工作标准见表6-3。

表6-3　　　　　移动变电站夜间巡视工作标准

序号	工作内容	工 作 标 准	周期	负责专业
1	熄灯夜巡	重点检查户外设备的套管、瓷瓶、绝缘子表面有无闪络和沿面放电情况	每周	运行
2	检查一次设备及其接头、导线	用红外测温仪对设备本体及其触头、引线接头进行测温，观察有无发热变红现象	每周	运行
3	分析测温数据	根据《带电设备红外诊断技术应用导则》（DL/T 664）对测温照片进行分析并生成报告上报	每周	运行

6.2.1.3 监察性巡视

移动变电站监察性巡视工作标准见表6-4。

表6-4　　　　　　　移动变电站监察性巡视工作标准

序号	工作内容	工作标准	周期	负责专业
1	了解运行方式及缺陷异常情况	对有缺陷和异常的设备重点巡视	每两周	运行
2	检查设备运行状态是否良好	确认所有一、二次设备是否均运行良好，监控系统有无光字牌或保护无异常信号。如否，则应掌握设备异常原因并清楚当前处理进展情况	每两周	运行
3	检查当值运行人员有无按管控级别开展巡视	确认当值运行人员是否已按设备管控级别开展巡视并且按时完成。如否，则应通知相关人员并督促其完成	每两周	运行
4	检查变电站定期维护质量	维护到位，各记录完备	每两周	运行
5	检查站内建筑物	建筑物各设施无损坏，无渗漏水情况	每两周	运行
6	检查站内安健环设施	安健环设施完好	每两周	运行
7	检查日常使用的作业指导书是否符合要求	日常使用的作业指导书符合要求和现场实际，如与现场不符或与最新规章制度不符，应及时组织本地化修编并固化	每两周	运行

6.2.2　动态巡维

根据气象和环境突变对设备的影响，按照保供电的要求，考虑电力网架变化、设备负荷变化造成的设备风险变化，移动变电站动态巡维工作标准见表6-5。

表6-5　　　　　　　移动变电站动态巡维工作标准

序号	工作内容	周期	工作标准	负责专业
1	基于气象和环境突变动态巡维	雷雨后	检查断路器机构箱及汇控箱密封情况，检查密封条是否存在损坏变形、电缆的封堵是否良好。机构箱内是否存在进水或凝露，检查加热器投入及除湿情况。对GIS设备的外绝缘瓷件外观进行检查，瓷裙应无损坏或无明显可见的爬电现象。记录避雷器的计数器动作情况	运行

序号	工作内容	周期	工 作 标 准	负责专业
1	基于气象和环境突变动态巡维	气温突变	检查断路器机构箱及汇控箱密封情况，检查密封条是否存在损坏变形，电缆的封堵是否良好。机构箱内是否存在进水或凝露现象，根据检查情况适时启动加热器。检查液压操作机构打压次数是否存在增加，机构箱油位、压力值是否正常，是否存在渗漏油现象，并记录相关检查数据。检查GIS各气室压力值是否正常，并记录相关检查数据	运行
		冰雹后	对GIS外绝缘瓷件外观检查，瓷裙应无损坏。对GIS金属外壳进行检查，外壳应无损坏痕迹	运行
		高温	开展一次巡维，重点关注压力、油位应正常，无渗漏现象	运行
		地质灾害发生后	开展一次巡维，重点关注：检查基础有无裂纹、下沉、位移；检查GIS各气室压力值是否正常。检查GIS金属外壳有无变形；检查GIS出线套管及引流线有无破损、断裂	运行
2	基于保供电的动态巡维	迎峰度夏前	开展一次专业巡维。开展保护定值、连接片及转换开关检查核对	运行
		保供电	重点关注：设备缺陷和异常是否有进一步发展趋势，影响安全运行的应在保供电到来前完成消缺；保供电方案涉及重要设备，使用测温仪检查设备发热情况	运行
3	基于风险变化动态巡维	电网风险变化	在风险生效前完成一次日常巡视和红外测温，并将巡视结果向相应调度部门反馈	运行
		设备预警与反措发布时	依据设备预警与反措要求开展治理	运行
		设备重载运行时	针对重载设备开展一次巡视、红外测温	运行

6.2.3 特殊巡视

结合天气和负荷的变化以及季节特点，在不同时段还需要有针对性地加强防污闪特巡、防风防汛特巡、高温高负荷特巡、天气突变特巡、防潮特巡等特殊巡视。季节性特殊巡视周期要求见表6-6。

表 6 - 6　　　　　　　　　季节性特殊巡视周期要求表

时间	1月	2月	3月	4月	5月	6月	7月	8月	9月	10月	11月	12月
防污闪特巡	√	√	√								√	√
防风防汛特巡				√	√	√	√	√	√	√		
高温高负荷特巡						√	√	√	√			
天气突变特巡	√	√	√	√	√	√	√	√	√	√		
防潮特巡	√	√	√	√	√							√

注　"√"表示当月需开展至少1次特殊巡视。

6.2.3.1　防污闪特巡重点

移动变电站防污闪特巡工作标准见表 6 - 7。

表 6 - 7　　　　　　　　移动变电站防污闪特巡工作标准

序号	工 作 内 容	工 作 标 准	周期	负责专业
1	检查各绝缘子、支柱瓷瓶、各瓷质部分	表面清洁，无破损、裂纹，无闪络现象	1次/月（1月、2月、3月、11月、12月）	运行
2	晚间安排熄灯夜巡，重点检查套管、瓷瓶、绝缘子	应无闪络迹象		运行
3	检查变电站附近污染源情况	变电站附近无碎石场、工厂烟囱等新增污染源		运行

6.2.3.2　防风防汛特巡重点

移动变电站防风防汛特巡工作标准见表 6 - 8。

表 6 - 8　　　　　　　　移动变电站防风防汛特巡工作标准

序号	检查项目	检 查 标 准	周期	负责专业
1	检查屏柜及机构箱	端子箱、机构箱、汇控箱密封良好无进水情况	1次/月（4—10月）	运行
2	检查各车载设备密封箱	无渗漏水；门窗关闭良好		运行
3	检查避雷器动作情况	大风、大雨后，检查主变压器10kV侧避雷器动作情况，泄漏电流应符合要求		运行
4	检查车载设备周边	车载设备周围应无漂浮物，底部应无积水		运行

6.2.3.3　高温高负荷特巡重点

移动变电站高温高负荷特巡工作标准见表 6 - 9。

表 6 - 9　　　　　　　　　　移动变电站高温高负荷特巡工作标准

序号	检查项目	检 查 标 准	周期	负责专业
1	检查设备接头及导线	使用测温仪对设备进行测温,无发红变色,无热气流等迹象		运行
2	检查充油设备	检查充油设备油位正常;检查主变压器上层油温、油面、主变压器声响应正常;冷却系统正常;对照过负荷值检查运行时间是否符合要求	1次/月 (6—10月)	运行
3	检查充气设备	压力正常		运行
4	检查车载设备空调或通风设施工作情况	正常工作		运行

6.2.3.4　天气突变特巡重点

移动变电站天气突变特巡工作标准见表6-10。

表 6 - 10　　　　　　　　　　移动变电站天气突变特巡工作标准

序号	检查项目	检 查 标 准	周期	负责专业
1	检查一次设备接头、油气管道	检查一次设备接头有无开裂、导线接头如引下线等有无过紧、油气管道有无冻裂等现象,设备有无严重覆冰现象		运行
2	检查充油设备油位、油压、油温	无漏渗油,油位、油压、油温正常		运行
3	检查充气设备气压	无漏气,压力正常		运行
4	检查加热器	端子箱、机构箱内无凝露、水珠,加热器运行正常	天气骤冷时	运行
5	检查防小动物措施	防小动物措施完善。各功能室门窗、防鼠挡板完好无漏洞,无小动物活动痕迹;二次屏、电缆进出口、空调机出水管、冷气管道封堵良好		运行
6	核对后台信号	确认无异常报警信号		运行

6.2.3.5　防潮特巡重点

移动变电站防潮特巡工作标准见表6-11。

表 6-11　　　　　　　　移动变电站防潮特巡工作标准

序号	检查项目	检查标准	周期	负责专业
1	检查车载设备各功能室	门、窗应关紧、锁好。空调工作正常	1次/月（1—5月、12月）	运行
2	检查端子箱、汇控柜、机构箱的防潮设施正常工作	加热器应工作正常，箱门应关紧，箱内未出现凝露、积水		运行
3	检查气体继电器防雨罩	应扣好		运行
4	检查呼吸器硅胶	主变压器呼吸器硅胶变色不超 2/3，油封正常		运行
5	直流系统绝缘监测显示正常	直流系统绝缘监测显示正常		运行

6.3　移动变电站维护管理

移动变电站定期维护工作表见表 6-12。

表 6-12　　　　　　　　移动变电站定期维护工作表

序号	维护项目	周期	责任专业	工作要求侧重点
1	主变压器铁芯及夹件泄漏电流测量	3个月1次	运行	按主变压器铁芯及夹件泄漏电流测量记录表执行，即铁芯、夹件外引接地线应良好；测试接地电流在100mA以下（接地线引下至下部，具备运行中测量的条件时开展）
2	主变压器油温、油位检查记录	1个月1次	运行	检查主变压器的油位、油温、绕组温度，并记录。油浸式变压器现场温度计指示的温度、控制室指示的温度、监控系统的温度应基本保持一致，误差一般不超过 5℃；对于 SF_6 变压器现场与远方温度显示比较，相差不超过 3℃
3	断路器动作次数检查	1个月1次	运行	按断路器动作次数检查记录表执行
4	主变压器调压开关操作机构动作次数检查	1个月1次	运行	按主变压器调压开关操作机构动作次数检查记录表执行
5	断路器液压操作机构打压次数检查	1个月1次	运行	按断路器液压操作机构打压次数检查记录表执行，并记录断路器气压和打压次数。无操作情况下，液压操作机构每 24h 补压次数不超过 40 次

序号	维护项目	周期	责任专业	工作要求侧重点
6	110kV 断路器 SF$_6$ 压力值及密度继电器检查	1 个月 1 次	运行	按 SF$_6$ 设备压力检查记录表执行（记录各气室的 SF$_6$ 气体压力值，应符合铭牌要求，压力指示正常，在温度曲线合格范围内。并与上次记录的气室压力值进行比对，以提前发现 SF$_6$ 是否存在泄漏。）
7	避雷器动作次数、泄漏电流检查	1 个月 1 次	运行	按避雷器动作次数、泄漏电流检查记录表执行
8	电压互感器 N600 接地线电流值测量	6 个月 1 次	运行	按电压互感器 N600 接地线电流值测量记录表执行
9	开关柜局放测试	6 个月 1 次	试验	按开关柜局放测试记录表执行
10	蓄电池电压测量	1 个月 1 次	运行	按蓄电池电压测量记录表执行，单体蓄电池浮充电压的测量，要求同一组蓄电池的单体浮充电偏差值不超过 50mV（2V 蓄电池）
11	保护及自动装置核对时钟	1 个月 1 次	运行	
12	保护及自动装置压板核对	1 个月 1 次	运行	按保护及自动装置压板核对记录表执行
13	防误闭锁装置、"五防"逻辑维护	3 个月 1 次	运行	按防误闭锁装置维护作业指导书执行
14	防小动物封堵及电缆检查	1 个月 1 次	运行	按防小动物封堵及电缆检查作业指导书执行
15	消防设施检查	1 个月 1 次	运行	检查消防设施正常
16	空调与通风装置试验检查	3 个月 1 次	运行	包括通风装置、空调，检查运行应正常

6.4 移动变电站日常巡视与运维作业参考

作业风险分析与预防见表 6-13，作业过程见表 6-14。

表 6-13　　　　　　　　作业风险分析与预防

序号	危害名称	危害导致的风险控制措施
1	SF$_6$ 气体及分解物	（1）靠近高压开关车设备时从上风向方向靠近。 （2）必要时使用 SF$_6$ 气体泄漏检测仪

序号	危害名称	危害导致的风险控制措施
2	通风不良的作业环境	(1) 进入10kV配电及控制车前开启通风装置一段时间。 (2) 避免在控制室内逗留时间过长。 (3) 避免单独进入控制室内
3	不按规定程序作业的行为	(1) 戴安全帽，穿工作服。 (2) 巡视时与带电设备保持足够安全距离。 (3) 巡视时专注，不得做与巡视工作无关的事。 (4) 开、关柜门时用力要小要均，关闭柜门后应检查密封良好。 (5) 禁止误碰运行尾纤，防止光纤通道非计划中断
4	有缺陷的设备	(1) 巡视中禁止手动操作电容器。 (2) 尽量远离电容器、避雷器和有缺陷的设备。 (3) 开展紧急救护法培训。 (4) 必须近距离检查时，应双人巡视，并至少有一人站在电容器室门外监护
5	容易碰撞的设备、设施	(1) 戴安全帽，穿工作服，穿劳保鞋。 (2) 巡视时小心注意，互相提醒，勿靠近突出的金属器件、设施和尖锐的墙角。 (3) 防止碰撞标识
6	不平整的地面	(1) 平整、补充电缆沟盖、排水沟板和草地。 (2) 巡视时小心注意，互相提醒，尽量在水泥路面行走
7	致害的动物	(1) 穿工作服，穿劳保鞋。 (2) 巡视时小心注意，互相提醒。 (3) 定期进行防治蚂蚁、害虫工作
8	高温的伤害	(1) 发布高温黄色预警信号期间，合理安排工作计划和作息时间，避免长时间户外或者高温条件下作业。 (2) 发布高温橙色预警信号时，午间高温时段应暂停露天作业。 (3) 发布高温红色预警信号时，应停止日晒时段露天作业。 (4) 作业人员多喝一些淡盐水、绿豆汤或清凉饮料，也可服些人丹、十滴水、藿香正气水等中药。 (5) 有人中暑时，应采取迅速撤离引起中暑的高温环境，选择阴凉通风的地方平卧休息。 (6) 如果出现血压降低、虚脱时应立即平卧，并及时送医院治疗
9	低温的伤害	(1) 合理安排作业时间，控制工作节奏。每天作业总时间不宜超过10h，每次连续作业时间不宜超过4h。连续作业3天且每天作业时间超过10h，应轮换休息。 (2) 不能安排有高血压、心脏病等疾病的人员在低温天气下进行长时间户外作业，以防诱发危及员工生命健康的疾病。 (3) 当日最低温度低于8℃，现场作业人员应配置手套等防寒保暖用品。 (4) 最低温度低于5℃，室外高空作业应控制工作时间，加强现场监护

表 6 - 14　　　　　　作 业 过 程

序号	工作内容	作 业 标 准
1	了解运行方式及缺陷异常情况	对有缺陷和异常的设备重点巡视
2	检查车载平台	车载平台平稳，无倾侧现象，接地良好，无异常
3	检查一次设备外观	设备基础、支柱、构架安装牢固无下沉、倾斜变位、锈蚀，本体无变形、锈蚀、掉漆，接地良好
4	检查呼吸器和呼吸回路	检查呼吸器硅胶变色不超 2/3，油封正常；呼吸回路通畅，无堵塞
5	检查设备接头点、金具	接头无发热、烧红现象，金具无变形和螺丝有无断损和脱落
6	检查设备绝缘子、瓷套	无破损和灰尘污染，无放电痕迹，无异常声响
7	检查避雷器	动作次数和泄漏电流显示正确
8	检查充油设备油位、油压、油温	无漏渗油，油位、油压、油温正常，运行巡视中（特别是在雨季及气温变化较大的天气时）要加强对主变压器油面温度计、绕组温度计等检查，防止温度计内部存在凝露。防止由于凝露导致接点短路而引起变压器跳闸
9	检查充气设备气压	压力正常，SF₆ 报警设备符合标准要求
10	检查主变压器	运行声音正常；气体继电器无气体；冷却系统工作正常；对加装了硅橡胶伞裙的瓷套，检查硅橡胶表面有无放电或老化、龟裂现象；有载调压开关机构档位指针或刻度线是否对正档位，没有正对方位的，手摇至正对档位；有指示灯的时间继电器检查，查看时间继电器指示灯是否亮
11	检查断路器、隔离开关、接地刀闸	位置指示正确与后台一致；带电显示器显示正确；断路器储能正常
12	检查屏柜及机构箱	端子箱、机构箱、汇控箱密封良好无受潮，防潮装置运行正常
13	检查控制车室	无渗漏水；门窗关闭良好；空调运行正常
14	检查通信设备、继电保护及自动装置	压板投退正确，运行正常，无异常告警信号，保护装置充电指示正常
15	检查站内直流系统	充电机正常工作，各表计、指示灯显示正确，绝缘监测无异常；蓄电池组无异常
16	检查站内交流系统	切换装置各指示灯与实际位置相应，控制模块无异常死机现象
17	检查"五防"及监控系统	"五防"通信正常，钥匙已充电，后台监控无异常信号
18	检查变电站标识、划线	标识完好、全面与正确，符合标准要求
19	检查控制室通风设备	通风系统与设备、设施符合标准要求

序号	工作内容	作 业 标 准
20	检查控制室照明设备	照明设备、设施符合标准要求
21	检查防小动物设施	防鼠挡板、排风扇和窗户的纱网等防小动物设施完好
22	检查通信光缆、通信设备及通信机房	光缆无破损、通信装置及电源设备无告警、机房空调等环境正常，符合要求
23	检查视频监控系统	视频监控系统外观、安装位置和线缆情况等正常；登陆视频监控系统，检查站内摄像设备在线情况、设备预置位等情况正常
24	检查安防系统	安防设施符合标准要求
25	开展电气火灾综合治理工作	检查电气设备及各屏、柜、箱应保持完整、干净和状态良好。检查电气火灾隐患无异常
26	开展红外测温	对设备接头进行测温，尤其对电流型设备，在负荷高峰前进行测温，发现发热设备及时处理
27	开展防鸟害巡视	在鸟害频发的季节，特别留意设备支架、构架和电容器，确保发现鸟巢及时处理
28	变电站周边环境及防止外力破坏巡视检查	对变电站周边环境、建筑物及防止外力破坏情况进行巡视检查，确认无异常情况
29	接地装置（避雷针、避雷线、地网）检查	避雷针本体完好，无倾斜；避雷线与地网连接可靠，无过松过紧、松脱现象；地网回填土无沉陷，接地极、接地测量井及边缘走道状况完好，接地极无锈蚀
30	变电站火灾隐患排查工作	电气线路、屏柜（箱）、生产设备的电气箱应保持完整、干净和状态良好，电气线路保护措施完好，导线绝缘层无破损、腐蚀、老化现象；防雷、防静电设施应检查完好，防火封堵完好

6.5 移动变电站缺陷管理

根据移动变电站缺陷表象、严重程度、缺陷类型，对照《变电设备缺陷定级标准》（运行分册）将移动变电站缺陷定级为紧急、重大和一般缺陷。

在移动变电站带电运行期间，对于紧急、重大缺陷消缺及时率必须达到100%；对于未能及时整改的一般缺陷、隐患，应在缺陷系统进行记录，在设备脱离电网后应及时处理消缺。移动变电站缺陷处理时限表见表6-15。

表 6-15 移动变电站缺陷处理时限表

缺陷类型	保护设备	安自设备	通信设备	自动化设备
紧急缺陷	1 天	2h	1 天	2h
重大缺陷	7 天	2 天	7 天	3 天
一般缺陷	90 天	7 天	90 天	60 天

6.6 完善应急准备工作

（1）修编、完善移动变电站应急处置预案，组织相关人员进行学习，确保发生突发事件时能够迅速、准确地开展应对工作。

（2）核查更新各部门已成立的应急队伍人员信息，做好队伍演练和抢修人员的值班安排，确保抢修队伍可以随时调用，应急抢修队伍实行 24h 值班，保持手机通信畅通，若遇紧急情况，需在 45min 内到达事发地点。应急抢修队伍人员若需要离开大城区，需向相应部门主任请假。

（3）对移动变电站的备品备件、抢修工器具进行全面梳理、检查，各运行部门需形成汇总表，明确存放地点、管理人员，确保发生突发事件时能够迅速调用。

第 7 章 移动变电站差异化分析

7.1 移动变电站成本分析

7.1.1 运输成本

110kV 主变压器车和 110kV GIS 车配套使用时，运输长度为 20km，考虑固定费用、油耗损耗成本，110kV 主变压器车、110kV GIS 车运输，每辆车运输费为 2 万元；拆除障碍的费用按 1 万元考虑；小计 5 万元。

10kV 低压开关车单独使用时，运输长度为 20km，考虑 10kV 低压开关车运输固定费用、油耗损耗、车辆损耗成本，按 0.6 万元运输费用考虑。

7.1.2 安装成本

110kV 主变压器车和 110kV GIS 车配套使用时的费用如下：主变压器套管、散热片拆、运输、安装和试验的费用每次约为 8 万元；放油、滤油加油（30t）考虑每次的使用费用（含油过滤、油试验）约 5 万元；水泥支墩混凝土架的搬运费约 0.5 万元；拆接母线桥需要用到的配件费用，铜排和热缩套按 20m 计列，每次费用约 2.3 万元；一、二次接线费用，每次费用约 1 万元；调通远动后台的费用：每次费用约 2 万元；安装调试、投运费用，每次费用约 1 万元；小计 19.8 万元。

10kV 低压开关车单独使用时的费用如下：拆接母线桥需要用到的配件费用，铜排和热缩套按 20m 计列，每次费用约 2.3 万元；一、二次接线费用，每次费用约 1 万元；调通远动后台的费用，每次费用约 2 万元；安装调试、投运费用，每次费用约 1 万元；小计 6.3 万元。

7.2 二次系统适用性分析

7.2.1 继电保护适用性分析

1. 全组合继电保护配合方案

移动变电站内的保护装置配置有主变保护装置（差动保护装置、高后备保护装置、低后备保护装置、本体保护装置）、过流保护装置、馈线保护装置、站变接地变保护装置。其中，主变保护的高压侧电流取自高压开关车内的电流互感器，低压侧电流取自主变车内的 502 甲开关柜内的电流互感器。位于 502 乙开关柜内的电流互感器，可根据保护范围的考虑将主变保护低压侧电流改接至此。主变保护对于低压侧开关的跳闸回路，根据电流取的位置不同而设置有所不同。

高压开关车、主变车、高压车全部使用时，属于全组合使用。全组合方式下，移动变压器的保护可依靠现有配置的保护装置，但要根据移动变压器接入主网方式的不同，考虑定值配合的问题。

（1）线—变组接入方式：此方式考虑在原有接线方式下通过 T 接的方式接入，保护配合难度较小，主要涉及对侧站的线路保护，需要根据接入后系统参数的变化更改定值即可。

（2）110kV 侧带母线的接入方式：对于 110kV 侧带母线的接入，主要考虑保护范围不能存在死区的问题。由于母线配置有母差保护，因此需要通过高压开关车的 TA 提供一组电流接入母差保护装置，并设置相应的跳闸回路接入至变高开关的操作箱中。母差保护与主变保护的保护范围需要有交叉，避免出现死区。此种接入方式下对现有变电站的影响较大，不提倡使用。

2. 单元使用继电保护配合方案

除了全组合使用外，移动变中的各个模块也可单独使用或者组合使用，目前已有现场使用经验的为高压开关车单独使用、高压开关车＋主变车组合使用两种模式，而高压车的单独使用方式更为简单，这里不做叙述。

单元使用时，需要考虑保护和回路的配合问题。

（1）高压开关车单独使用：由于高压开关车上没有保护装置，使用场景主要是代替原有变电站内开关的作用，因此需要拆除现有开关涉及的保护和测控的全部回路，并且接入到高压开关车内的对应回路中。需要说明的是，为了满足不同直流电压变电站的使用需求，高压开关车上准备了两套二次元器件，即110V和220V的都有，可以根据实际需要进行更换予以配合。

（2）高压开关车＋主变车使用：使用场景为代替原有主变，并接入至原有高压室内。此种方式下需要考虑与现有变电站的保护范围的配合。移动变电站内的主变差动保护变低电流取自主变车，因此需要与原有变电站内的接地变保护进行配合。当主变车与高压室间的电缆出现单相接地故障时，主变低后备保护不能动作跳闸，需要站内接地变保护联跳变低开关切除故障。因此站内接地变的联跳主变变低开关回路，需要改接至跳移动变的变低开关而不能保持原来的跳站内变低开关。

7.2.2 测控及远动系统适用性分析

移动变电站内的测控装置配置按间隔配置有主变测控装置（包括高压侧测控装置、低压侧测控装置、本体测控装置）、公共测控装置、馈线测控（保测一体）、站变接地变测控（保测一体）。主变车和高压车中均配置了后台机，通过车内的交换机进行组网，另外提供一台移动式后台机，可安装在站内的主控室，方便运维人员查看与操作。移动变电站的站控层网络与现有变电站相对独立，可提高接入的便携性。

为了实现无人值班要求，需将移动变电站信号上送调度自动化系统。由于移动变电站内无通信网络，需要通过现有变电站内的通信网络将信号上送。在实际应用时，根据不同的现场条件提出两种通信方案供选择。需要说明的是，两种方案中，对于调度自动化系统并无区别，在调度自动化中看到的相关信息，均可作为一个全新的变电站。通信方案的选择仅在中间信号传输的方式上有所不同。

1. 独立远动方案

由于移动变电站主变车内配置了远动装置，因此可使用独立远动方案。独立远动方案需要解决的是信号传输通道的问题，由于不使用现有变电站的101通道、104主通道、104备通道，因此需要通信专业在现有变电站内开通新的三个通道。主变车远动装置直接接至新的101通道接口和现有变电站内的二次安防装置（104主、104备通道）。

独立远动方案的优点在于，远动装置内的信息点表可提前一次性做好，并将移动变电站内的部分验收完成，实现一次配置一次验收多次使用，大大减少了自动化"三遥"的验收工作量。缺点在于每次使用时通道都需要重新开通，通信专业都需要重新调试，加大了通信专业的工作量。

2. 共用远动方案

鉴于独立方案的缺点，即需要通信专业配合完成，在工程验收时间较紧张时，可采用共用远动方案。共用远动即直接采用现有变电站内的远动装置实现移动变电站的信号传输功能，此时的移动变电站可看作为现有变电站的一个扩建间隔。移动变电站的信息点表直接在现有变电站内的远动装置进行新增。

共用远动方案的优点在于，不需要通信专业进行新通道的开通与调试，直接使用现有变电站内的通道资源。缺点在于每次使用时都需要对现有变电站内的远动装置的配置进行修改，移动变电站退出后还需要恢复原有的配置，并且还需要考虑现有变电站的通信规约问题，如不是IEC 61850通信规约的，还需要考虑规约转换装置的配置。因此如果不是IEC 61850通信规约的，不建议采用此方案。采用共用远动方案时，还需要考虑对移动变电站内装置的通信参数进行重新配置。

7.3　蓄电池选用的分析

7.3.1　磷酸铁锂电池及铅酸电池性能特点

磷酸铁锂电池是新型二次电源，具有输入输出功率大、工作温度范围宽、无记忆效应、免维护、长达 2000 次以上的超长寿命和绿色环保等特点。

　　铅酸电池已经有 100 多年的历史，技术成熟，性能稳定可靠，价格便宜，但是存在寿命短、维护工作量大、工作电流范围小、对温度特别敏感等缺陷。

7.3.2　磷酸铁锂电池与铅酸电池相比的优点

　　（1）高能量密度，磷酸铁锂电池的体积及重量只有同容量铅酸电池的 1/3 左右。

　　（2）单只磷酸铁锂电池理想条件下循环寿命能达 3000 次，大大优于铅酸电池（循环使用次数 500 次）。

　　（3）温度性能良好，尤其是高温性能突出。磷酸铁锂电池的工作范围可达 -20~60℃，可长时间在高温状态下工作而不影响电池寿命。

　　（4）功率性能好。在不影响电池容量的前提下，磷酸铁锂电池可满足大电流充放电需要，解决了传统铅酸电池大电流放电时电池容量损失过大的问题。在相同容量的情况下，磷酸铁锂电池大电流输出能量大概是铅酸电池的两倍。若用磷酸铁锂电池取代铅酸电池应用于功率型备电的 UPS，其容量将减少 50%。

　　（5）高安全性。在针刺、挤压、短路、过充等恶劣条件下仍然安全，无变形，容量保持率极高，适合于移动变电站需要运输的工况。

　　（6）清洁环保，磷酸铁锂材料不含任何重金属与稀有金属，无论在生产和使用过程中都不会对环境造成污染，避免了传统电池对环境的污染。

7.3.3　磷酸铁锂电池与铅酸电池相比缺点

　　（1）价格昂贵。

　　（2）由于不一致性和不能过充过放的安全特性，磷酸铁锂电池组应用在变电站时，需要加装电池管理系统，对单电池进行均衡，确保电池（组）在运行时的安全性。由于监控需要，管理系统还需将数据上传至主控室，方便运行人员随时监测设备运行状态和数据。

（3）磷酸铁锂单体电池的浮充电压宜设置在 3.5V 左右（区别于常规铅酸电池的 2V）。

（4）需要监测单体电池的内阻，在内阻出现大的变化时关注电池的安全状态。

7.3.4　蓄电池的最终选用

综合磷酸铁锂电池及铅酸电池性能特点、磷酸铁锂电池与铅酸电池相比优势及磷酸铁锂电池与铅酸电池相比缺点，110kV 移动变电站最终选择了铅酸电池作为其蓄电池。

7.4　植物绝缘油试验情况分析

作为高燃点新型环保液体绝缘介质，植物绝缘油可用于电力变压器等油浸式电力设备中，具有良好的发展前景。但是植物绝缘油与矿物绝缘油的分子结构、亲水性等方面存在较大差异，其微水特性也与矿物绝缘油不同，因此研究植物绝缘油微水特性、电气性能等对电力变压器绝缘状态评估有重要意义。与矿物油相比，植物绝缘油在环保、防火、提高负载能力等方面具有优势，从植物绝缘油对老化变压器固体绝缘的干燥效果，以及更小的碳足迹来看，这对于碳中和前景来说是一个很大的优势。由于改造前变压器中填充的是矿物绝缘油，经过放油、冲洗、填充的过程，变压器中残余矿物绝缘油在 0.5～0.8t 之间，残余量较小。在交接验收、运行中等环节对重新填充了天然酯的变压器进行油样试验，并对试验数据进行整理分析。

7.4.1　介电强度

必须确保变压器在改造后保持介电强度。本书使用天然酯在变压器主绝缘大小油路、均质和非均质场、分接开关接线片、爬电和击穿电压等介电试验方面具有充分的试验和应用经验。应注意天然酯和矿物油的介电常数差异，见表7-1，天然酯的介电常数远高于矿物油，更接近传统纤维素制成的固体绝缘材料的介电常数。由于油的介电常数降低，纸的介电常数增加，这导致纸和油路绝缘系统中具有更好的电场分布。鉴于油路是系统的薄弱环节，当由矿物油改为植物绝缘油后，整体安全系数得到了提升。

表 7-1   液 体 介 电 常 数 比 较

绝缘介质	介电常数（25℃）	介电常数（90℃）	介电常数（130℃）
矿物绝缘油	2.3	2.3	2.2
天然酯绝缘油	3.3	3.0	2.9

7.4.2 测试结果及运行数据分析

改造后，变压器按照交接测试标准进行了测试。作为移动变电站的一部分，对该变压器中油样交接验收及运行数据分析测试结果见表7-2（包括油中溶解气体、击穿电压、含水量、介质损耗因数等）。

表 7-2   测试结果及运行数据

日期	设备名称	氢气/(μL/L)	甲烷/(μL/L)	乙烷/(μL/L)	乙烯/(μL/L)	乙炔/(μL/L)	一氧化碳/(μL/L)	二氧化碳/(μL/L)	总烃/(μL/L)	耐压/kV	微水/(mg/L)	介损(90℃)/%	备注
2019.4.23	9#主变	1.87	1.54	0.66	0.27	0	40.34	164.54	2.47	73.8	27.5	0.0939	注油前
2019.5.3	9#主变	2.08	1.7	73.8	0.77	0	19	361.31	76.27	—	—	—	投运后1天
2019.5.6	9#主变	2.6	1.75	73.24	0.8	0	18.16	190.62	75.79	—	50.2	—	投运后4天
2019.5.12	9#主变	2.92	2.28	76.5	0.98	0	20.26	238.08	79.76	—	54.6	—	运行后10天
2019.5.19	9#主变	3.69	3.08	79.03	1.23	0	26.3	325.07	83.34	—	74.25	—	
2019.5.26	9#主变	5.35	3.82	78.09	1.28	0	28.47	368.93	83.19	—	—	—	
2019.5.31	9#主变	4.03	4.03	80.45	1.46	0	26.6	391.81	85.49	55.9	84.15	3.9278	
2019.6.25	9#主变	5.35	5.07	76.28	1.77	0	33.18	525.42	83.19	77.7	99.85	3.7138	
2019.7.1	9#主变	5.8	6.77	75.47	2.01	0	46.26	557.66	84.25	74.1	100.25	3.9787	停运中
2019.7.3	9#主变	6.19	7	69.55	1.81	0	49.47	620.22	78.36	80.4	103.5	4.3283	停运中
2020.4.2	9#主变	4.11	11.59	88.39	2.44	0	84.66	659.23	102.42	75.9	60	—	停运中

日期	设备名称	氢气/(μL/L)	甲烷/(μL/L)	乙烷/(μL/L)	乙烯/(μL/L)	乙炔/(μL/L)	一氧化碳/(μL/L)	二氧化碳/(μL/L)	总烃/(μL/L)	耐压/kV	微水/(mg/L)	介损(90℃)/%	备注
2020.5.7	9#主变	4.07	12.14	96.57	2.54	0	37.58	688.17	111.25	53.6	77.15	6.8346	停运中
2020.6.12	9#主变	0.69	0.75	115.77	0.31	0	11.95	157.09	116.83	70	50	8.949	滤油后数据
2020.6.27	9#主变	0.4	0.44	9.96	0.13	0	5.96	116.67	10.53	—	—	5.003	耐压后数据
2020.6.30	9#主变	0.3	0.58	7.3	0.19	0	6.33	119.74	8.07	80.4	35	5.8776	新址投运后1天
2020.7.3	9#主变	0.66	0.71	7.82	0.19	0	13.52	123.41	8.72	—	43.05	5.2413	新址投运后4天
2020.7.9	9#主变	1.67	0.95	8.53	0.29	0	27.84	146.82	9.77	73.4	65.9	6.0584	新址投运后10天
2020.7.30	9#主变	3.38	1.38	8.87	0.32	0	12.79	396.89	10.57	80.6	91.6	6.2241	新址投运后30天
2020.9.8	9#主变	4.81	3.16	16.44	0.76	0	36.47	377.06	20.36	66.2	111.9	6.0219	
2020.10.29	9#主变	5.13	3.83	20.76	1.11	0	38.05	430.39	25.7	74.7	89.15	6.2486	
2021.1.21	9#主变	5.49	4.13	17.88	0.95	0	27.61	475.66	22.96	80.4	59.05	6.6651	
2021.4.14	9#主变	6.06	4.88	19.41	1.21	0	35.72	542.55	25.5	77.95	79.1	7.4263	
2021.5.26	9#主变	6.62	5.23	18.08	1.41	0	38.06	729.53	24.72	76.1	85.1	8.539	
2021.7.22	9#主变	6.98	5.64	19.01	1.36	0	40.2	831.98	26.01	72	97.25	8.0526	
2021.8.10	9#主变	6.14	4.52	17.14	1.32	0	27.84	726.39	22.98	68.5	85.5	6.0009	

1. 燃点

测得加注后液体的燃点为 340℃，满足不燃性液体要求标准，表明残留矿物油量控制良好，估计为残余矿物油的 3%～5%。

2. 油中溶解气体结果

矿物油变压器中溶解气体判断标准不能适用于天然酯变压器，目前国标、行标暂时还没有针对天然酯替代矿物油场景的特定油中溶解气体判断标准。然而，已经证明残留矿物油只有 3%～5%，因此最相关的标准

IEEE C57.155 可以应用于该项目。各气体浓度测试结果如图 7-1、图 7-2 所示。

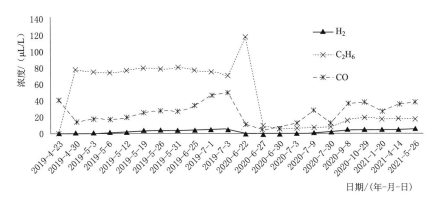

图 7-1　氢气、乙烷和一氧化碳的气体浓度测试结果

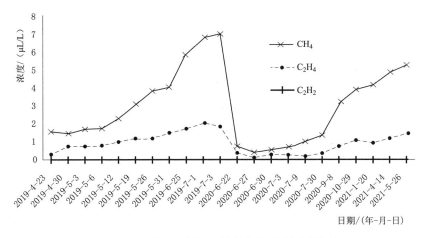

图 7-2　甲烷、乙烯和乙炔的气体浓度测试结果

氢气和乙烷是天然酯填充变压器的典型杂质气体。根据 IEEE C57.155，运行期间的所有气体浓度水平都在第 90 个百分位阈值内。在 2019 年 7 月和 2020 年 6 月期间可以观察到所有气体的浓度水平下降，这是因为变压器更换了服务地点，并且在新的加载周期之前已经对油进行了脱气。

3. 击穿电压

绝缘液 2.5mm 间隙击穿电压按 IEC 60156 测量，如图 7-3 所示，所有结果均高于 IEC 62975 规定的 Good 限值，整体平均测试结果为73.2kV，表明在操作和存储期间具有良好的介电性能。

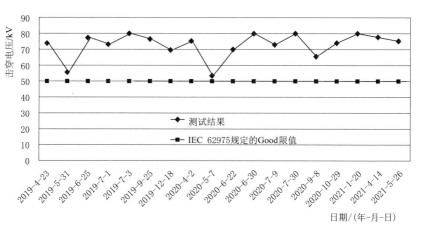

图 7-3　击穿电压结果

4. 介质损耗因数（DDF）/90℃

绝缘液体的介质损耗因数根据 IEC 60247 测量，如图 7-4 所示，所有结果均低于 IEC 62975 规定的 Good 限值。

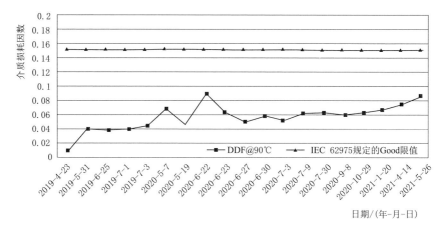

图 7-4　耗散因子测试结果

2020 年 5—6 月，图 7-4 中可以观察到绝缘油价值损耗因数下降，这是由于新站点的油过滤。并且在 2020 年 9 月至 2021 年 5 月期间略有增加，对此可能的解释是，随着运行时间的延长，对于翻新的旧变压器，更多的老化副产品从固体绝缘中析出到油里，这些副产物可视为对油的污染，导致介质损耗因数增加。

5. 油中含水量

绝缘液含水量按卡尔费休法 IEC 60814 测定，如图 7-5 所示，均低于 IEC 62975 规定的 Good 限值。

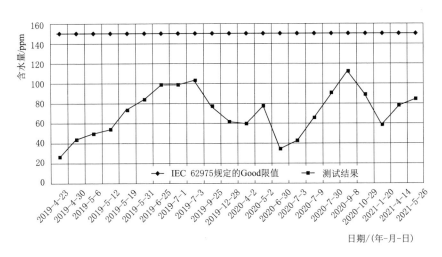

图 7-5 含水量测试结果

在 2019 年 4—7 月的第一个投运周期中，含水量从 30ppm 左右不断增加到 100ppm 以上，这是天然酯从变压器老化的固体绝缘中析出水分的明显迹象。而在 2019 年 8 月至 2020 年 6 月的储存时间内，含水量下降到 60ppm 左右。可能的解释是：当温度降低时，天然酯的水饱和点降低，吸水能力降低，导致部分水回到固体绝缘中。

2020 年 6 月，水含量显著下降至 55ppm 左右，这是因为油在第二次运行周期之前通过现场真空过滤器脱气。自第二个投运周期开始以来，正如在 2019 年的第一个投运周期中所见，含水量在 6 月至 2020 年 9 月期间增加，并从 2020 年 10 月至 2021 年 1 月下降。这也与温度高度相关，由于负载率波动不大，而广东省作为典型的亚热带地区，夏季和冬季的环境温度非常恰当地解释了含水量的变化。

由以上分析，可以合理地假设：温度较高的天然酯的吸水特性可以用于干燥变压器有源部分的老化，从而改善旧变压器的介电性能。改进还可以提高可靠性、负载能力和绝缘寿命。

改造后的变压器在运行期间，植物绝缘油所有溶解气体含量均在大豆基天然酯变压器油中溶解气体标准的 90% 阈值内。绝缘液体的击穿电压、介电损耗因数、含水量均符合 IEC 标准的 Good 标准。在目前的运行情况下，移动变压器中的残余矿物绝缘油与植物绝缘油混合的绝缘液试验数据无异常变化，满足植物绝缘油在运行标准下的各项要求。